定植适期的苗 （穴盘苗是选出的可栽苗，参照本书第 13 页）

形成根坨后选出能用的穴盘苗（播种后 39 天，嫁接后 20 天，最大叶长为 12 厘米）可以这样直接定植，也可以移植到钵中进行二次育苗

选节间最长也未超过 5 厘米的苗

最大叶长为 15 厘米

能确定果穗的方向

9 厘米钵苗的定植适期
（能明确第 1 穗果迹象的时期，一般指播种后 49 天，移植到钵内后 10 天）

培育成节间最长为 6 厘米的苗

最大叶长为 30 厘米

12 厘米钵苗的定植适期
（播种后 56 天，移植到钵内后 17 天）

定植苗和定植时的浇水 （参照本书第 27、29、31 页）

从定植到最初的果实（第 1 穗果的第 1 个果）直径达 3 厘米的过程中的浇水，决定着栽培的成败。定植时的首次浇水也是很关键的

穴盘苗的定植（浇水后）
定植时每株浇水 200 毫升

9 厘米钵苗的定植
定植时每株浇水 400 毫升左右

12 厘米的钵苗的定植
定植时每株浇水 500 毫升左右

穴盘苗定植后的浇水和生长发育 （参照本书第 31~34 页）

定植后 10 天的浇水和生长发育

浇水前的样子
垄内的水减少，茎或叶变黑，可看到叶的尖端萎蔫

浇水之后［浇水 2 毫米（200 升 /100 米²），用滴灌方式］
水还没有到达下层水的天然供给区

浇水后 3 小时的样子
茎和叶的黑色消失，绿色增加

浇水后 7 小时的样子
生长点附近的叶一下子就变鲜亮了

定植后 20 天的浇水和生长发育

浇水前的样子
垄内干旱，因为只有极少量的根扎到了水的天然供给区，所以中午时稍萎蔫

浇水前 2 天（定植后 28 天）的样子
比定植后 20 天有更多的根伸展到了地下水的天然供给区，所以没有萎蔫

定植后 38 天培育得生长适宜的样子（过渡期管理结束）
若今后浇水和肥料不足，植株长势会稍差，但是不用担心徒长的问题

激素处理的时机 （参照本书第 38~42 页）

处于处理适期的花（4 朵花的花穗）

最早开的花①花瓣还是向后弯曲，活性很高。尖端的花④花萼裂开，能看到花瓣，就进入了激素充分发挥效果的时期。4 朵花以下的花穗可以等所有的花时机成熟了一块儿进入激素处理适期，但是希望 1 穗收获 5 个果以上，这就不是最好的方法

错过处理适期的花

等待花④时，花①就错过了处理适期。花②～④就处于处理适期

因为太早，下次处理是最理想的

原先的花①～③处于处理适期。使花④牢固附着后，坐果就成为可能，但是花⑤就太嫩而不坐果

樱桃番茄的摘花 （参照本书第 66 页）

对于樱桃番茄，摘果就太迟了，
所以还是在开花期进行摘花，
可几朵花一块儿摘

腋芽的摘除方法 （参照本书第 50~51 页）

向另一侧用力折断。如图中那样按着摘除，标记部分的皮就会连带着被剥下来

为防止连带着皮剥下来，用力折断后，接着向斜下方拉着用力，就可整齐地摘除

大型番茄的收获方法 （参照本书第 58~59 页）

从离层处摘的番茄

用大拇指捏住离层①，用手握住果实②，最后用大拇指往下压就可摘下

嫁接（圉接）的方法 （参照本书第 108~110 页）

左边是育苗箱中的接穗，右边是穴盘中的砧木

一个人把砧木切出 45 度的斜面，另一个人把接穗按对应角度切好

因为切口容易干，暂且先把半数的砧木切好并进行嫁接
对于熟练工来说，1 次就可嫁接完

在切好的砧木上装上嫁接管

从旁边的育苗箱中取出切好的接穗并按对应的角度嫁接好
从远处向自己面前陆续地嫁接。如果先从面前的嫁接，手容易碰到嫁接好的接穗而将其碰落（把图中右半部分嫁接完后再嫁接左半部分）

嫁接刀片的制作

嫁接时使用刮胡刀片。它两面的刀刃很薄，虽然容易使用，但是像图中这样掰开使用更方便（参照本书第 107 页）

带着包装对折

刀片成了单面刃

带着包装把顶部（刀刃的对侧）斜着折断

使用尖的部分

日本农山渔村文化协会宝典系列

番茄栽培
管理手册

[日]白木己岁　著

赵长民　译
（山东省昌乐县农业农村局）

机械工业出版社

CHINA MACHINE PRESS

番茄品种多样，其栽培规模、类型和方法也有多种。本书以培育优质番茄为出发点，虽以小规模经营为主要对象，但选取其栽培管理过程中有代表性的作业进行讲述，例如，植株的过渡期管理是决定栽培成功的关键，土壤处理和土壤消毒是保证栽培顺利进行的先决条件等，对不同形式的番茄栽培都有良好的技术适应性。本书介绍的日本番茄栽培技术，内容系统、翔实，图文配合，通俗易懂，对于我国广大番茄种植专业户、基层农业技术推广人员都有非常好的参考价值，也可供农林院校师生阅读参考。

北京市版权局著作权合同登记 图字：01-2020-5840 号。

图书在版编目（CIP）数据

番茄栽培管理手册/（日）白木已岁著；赵长民译. —北京：机械工业出版社，2024.9

（日本农山渔村文化协会宝典系列）

ISBN 978-7-111-74615-7

Ⅰ.①番… Ⅱ.①白… ②赵… Ⅲ.①番茄 - 蔬菜园艺 - 手册 Ⅳ.①S641.2-62

中国国家版本馆CIP数据核字（2024）第024355号

机械工业出版社（北京市百万庄大街22号 邮政编码100037）

策划编辑：高 伟 周晓伟 责任编辑：高 伟 周晓伟 刘 源

责任校对：郑 婕 李 婷 责任印制：单爱军

保定市中画美凯印刷有限公司印刷

2024年9月第1版第1次印刷

169mm×230mm·8.75印张·2插页·167千字

标准书号：ISBN 978-7-111-74615-7

定价：59.80元

电话服务 网络服务

客服电话：010-88361066 机 工 官 网：www.cmpbook.com

010-88379833 机 工 官 博：weibo.com/cmp1952

010-68326294 金 书 网：www.golden-book.com

封底无防伪标均为盗版 机工教育服务网：www.cmpedu.com

序

果蔬业属于劳动密集型产业，在我国是仅次于粮食产业的第二大农业支柱产业，已形成了很多具有地方特色的果蔬优势产区。果蔬业的发展对实现农民增收、农业增效，促进农村经济与社会的可持续发展裨益良多，呈现出产业化经营水平日趋提高的态势。随着国民生活水平的不断提高，对果蔬产品的需求量日益增长，对其质量和安全性的要求也越来越高，这对果蔬的生产、加工及管理也提出了更高的要求。

我国农业发展处于转型时期，面临着产业结构调整与升级、农民增收、生态环境治理，以及产品质量、安全性和市场竞争力亟须提高的严峻挑战，要实现果蔬生产的绿色、优质、高效，减少农药、化肥用量，保障产品食用安全和生产环境的健康，离不开科技的支撑。日本从 20 世纪 60 年代开始逐步推进果蔬产品的标准化生产，其设施园艺和地膜覆盖栽培技术、工厂化育苗和机器人嫁接技术、机械化生产等都一度处于世界先进或者领先水平，注重研究开发各种先进实用的技术和设备，力求使果蔬生产过程精准化、省工省力、易操作。这些丰富的经验，都值得我们学习和借鉴。

日本农业书籍出版协会中最大的出版社——农山渔村文化协会（简称农文协）自1940 年建社开始，其出版活动一直是以农业为中心，以围绕农民的生产、生活、文化和教育活动为出版宗旨，以服务农民的农业生产活动和经营活动为目标，向农民提供技术信息。经过 80 多年的发展，农文协已出版 4000 多种图书，其中的果蔬栽培手册（原名：作业便利帐）系列自出版就深受农民的喜爱，并随产业的发展和农民的需求进行不断修订。

根据目前我国果蔬产业的生产现状和种植结构需求，机械工业出版社与农文协展开合作，组织多家农业科研院所中理论和实践经验丰富，并且精通日语的教师及科研人员，翻译了本套"日本农山渔村文化协会宝典系列"，包含葡萄、猕猴桃、苹果、梨、西瓜、草莓、番茄等品种，以优质、高效种植为基本点，介绍了果蔬栽培管理技术、果树繁育及整形修剪技术等，内容全面，实用性、可操作性、指导性强，以供广大果蔬生产者和基层农技推广人员参考。

需要注意的是，我国与日本在自然环境和社会经济发展方面存在的差异，造就了园艺作物生产条件及市场条件的不同，不可盲目跟风，应因地制宜进行学习参考及应用。

希望本套丛书能为提高果蔬的整体质量和效益，增强果蔬产品的竞争力，促进农村经济繁荣发展和农民收入持续增加提供新助力，同时也恳请读者对书中的不当和错误之处提出宝贵意见，以便修正。

赵亚夫

前　言

在南北狭长的日本，不同时期都可栽培番茄。另外，从栽培的规模来看，有大规模的专业经营和向直销店直接供货的小规模经营，还有更小规模的家庭菜园等。除在土壤中的一般栽培外，还有无土栽培和根域限制栽培。这其中，再加上大型、中型及樱桃番茄等品种的不同，实际上有各种各样的栽培形式。

本书中讲述的作业，以在直销店等出售的小规模经营为主要对象，但是超越了地域、规模、栽培类型、品种等的不同，努力做到适用于各种番茄栽培。

代表性的作业就是确保得到好的植株形状与长势的过渡期管理。过渡期管理虽然在番茄以外的瓜果蔬菜栽培中也是必须要掌握的技术，但是番茄的失败风险在瓜果蔬菜中是最大的。正因为如此，成功的喜悦也就更加甜蜜。近年来，虽然出现了植株过渡期管理没费很多功夫就会长势好的品种，不过既然是特意栽培番茄，就应该用优良的品种熟练地做好过渡期管理。一旦熟练地掌握了这个技术，就等于搞清楚了番茄的特性，下一步就是设想挑战什么样的番茄品种，从栽培的初期就可掌握番茄的特性，制订出详细管理的蓝图。

另外，土壤处理和土壤消毒也是不同番茄栽培中的共同作业，这两种作业是具有许多要点的多层技术。总之，不把这些工作认真做好，栽培就无法顺利进行。

在本书中，过渡期管理、土壤处理和土壤消毒占了很大的篇幅。另外，在花的激素处理等一般管理方面，著者也以自己的观点进行了提示。

广大读者栽培番茄时，如果觉得本书还能起到一点儿作用，著者的希望也就达到了。

白木己岁

目　录

序
前言

第 1 章

制订栽培计划

第 2 章

决定番茄栽培成功的关键

第 3 章

收获期的管理

第 4 章

田地的准备和定植

第 5 章
育苗和购买苗

第 1 章
制订栽培计划

1 栽培时期、产量和品种的选择方法

◎ 能栽培的时期因地域不同而有差异

采用简易大棚栽培，因为受自然环境的制约，所以能栽培的时期很短。因此，为了充分提高产量，等到不受低温伤害的季节到来时，及时定植是非常重要的。

采用简易大棚栽培的季节，根据地域不同而有差异，但是在冬天到春天进行播种，5~11月收获是相同的（图1-1）。

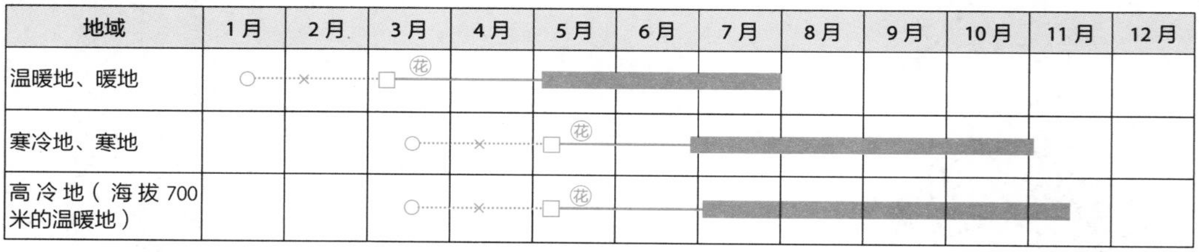

地域	1月	2月	3月	4月	5月	6月	7月	8月	9月	10月	11月	12月
温暖地、暖地	○……×……□ 花				▬▬▬▬▬▬▬▬							
寒冷地、寒地			○……×……□ 花			▬▬▬▬▬▬▬						
高冷地（海拔700米的温暖地）			○……×……□ 花				▬▬▬▬▬▬▬▬					

○：播种　×：嫁接　□：定植　▬▬▬：收获

花：第1穗果开花

……：在自家的加温棚室内，或者在专业育苗人员或使用共同育苗设施的加温棚室内

——：在棚内的经过

图1-1　采用简易大棚栽培番茄的地域和管理期（采用50~72穴的穴盘苗）

（1）日本关东地区到九州、冲绳（温暖地、暖地） 3月就能在大棚内定植。假设3月1日定植50~72穴的穴盘成型苗（以下简称为穴盘苗），则可购买在1月20日前后播种的苗，或者在这个时期进行播种育苗。收获从5月上旬开始，因这个地域的夏天夜间时气温也很高，植株的消耗大，便很难维持到8月，所以收获应在7月下旬结束。

自己育苗时，需要构建能加温的棚室。购买的苗，应在定植以前放在销售者的加温棚室内培育着。育苗需要加温，下面所述的各个地域也都如此。

（2）日本东北地区到北海道（寒冷地、寒地） 定植时期是在5月上旬前后。为此，可购买 3 月下旬时播种的苗，或者在 3 月下旬自己播种育苗。收获从 6 月下旬开始。因为这个地域的夏天气温比较低，植株的消耗少，收获能持续到 11 月上旬。

（3）海拔高的地域（高冷地）　根据地域和海拔不同，种植时期也不同。海拔 700 米的温暖地，以 5 月上旬定植为宜。可购买 3 月下旬时播种的苗，或者在 3 月下旬自己播种育苗。从 7 月上旬开始收获，因为平均气温较低，植株长势易维持，所以能收获到 11 月中旬。

◎ 苗的种类和种植计划

（1）苗的种类不同，种植计划也会有变化　还有图 1-1 没有说明的管理操作，图中只是简要地说明了从播种到收获的过程和重要节点，请自己掌握每个关键时期（后面还将详细地讲解每个阶段的管理）。

在本章中，假设在温暖地和暖地的 1 月下旬进行播种，定植穴盘苗和定植钵苗的管理方法不同，苗的准备方法也不同。

（2）穴盘苗的种植计划　番茄的穴盘苗，一般用 50~72 穴的穴盘进行培育。这个尺寸的穴盘苗，经嫁接后再经过 20 天就开始老化，所以第 20 天时必须从穴盘中取出进行栽植。取出的苗可以直接定植在田内，也可移植到钵内进行育苗（二次育苗）后再进行定植。

图 1-2　可以从穴盘中取出（播种后 39 天）的穴盘苗

因为嫁接可从播种后第 19 天开始，所以到从穴盘中取出需要 39 天（图 1-2）。

（3）钵苗的种植计划　从穴盘中移植到钵内的苗，如果栽到直径为 9 厘米的钵中，再育苗 10 天（二次育苗）后就可定植。用这个尺寸的钵，进行二次育苗的时间就不能延长了，因为苗会老化。如果是用直径为 12 厘米的钵，则可以稍微延长二次育苗的时间，即 17 天后再定植。

9 厘米的钵苗再经过 10 天、12 厘米的钵苗再经过 17 天便可定植，而田地准备的时间只是比定植穴盘苗时推迟这相应的几天就可以（图 1-3）。

市场上出售的苗，一般是穴盘苗和 9 厘米的钵苗，若用 12 厘米的钵苗，可买穴盘苗后再自己培育。

一般的育苗场也只是培育穴盘苗，如果需要 9 厘米的钵苗，就和培育 12 厘米的钵苗一样，买穴盘苗后再自己培育。

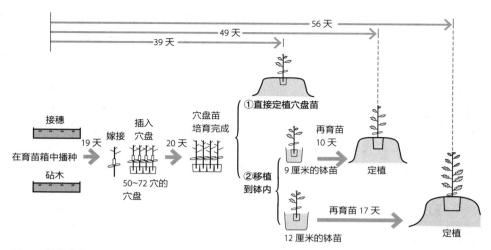

图 1-3　苗的种类、育苗过程和天数

◎ 产量有多少

（1）1 株上可留几穗果

1）果穗有规律地出现。番茄的果实长在果穗上。因为果穗会有规律地出现，所以确定了栽培时间和栽植株数，就能预测产量。如果掌握了产量，就能制订销售计划和自家消费的计划。

番茄的第 1 穗果，在 7~11 片真叶长出时的位置上形成。从这以后，每隔 3 片叶就长出 1 个果穗。总之，番茄是按 3-1-3-1 的规律长出叶和果穗。

2）决定果穗总数的栽培天数。在栽培期间出现的果穗总数，由第 1 穗果开花后不久的栽培天数来决定。50~72 穴的穴盘苗，定植后 20 天时第 1 穗果就开花。以温暖地、暖地栽培为例，若 3 月 20 日开花，7 月 31 日栽培结束，则有 133 天（表 1-1）。

表 1-1　各地域可能收获的果穗数

地域	开花日（A）	栽培（收获）结束日（B）	开花日至栽培结束的天数（C）	开花至成熟的天数（E）	最后的果穗开花日（B-E）	第 1 穗果以外的果穗开花可能的天数（C-E）（F）	果穗形成的间隔时间	这期间出现的果穗数（H）	总果穗数（H+1）
温暖地、暖地	3 月 20 日	7 月 31 日	133 天	43~45 天	6 月 16~18 日	88~90 天	10 天	9 个	10 个
寒冷地、寒地	5 月 20 日	11 月 5 日	169 天	43~45 天	9 月 21~23 日	124~126 天	10 天	12~13 个	13~14 个
高冷地	5 月 20 日	11 月 15 日	179 天	43~45 天	10 月 1~3 日	134~136 天	10 天	13~14 个	14~15 个

3）果实成熟的节奏。番茄开花后 43~45 天就能成熟。因此，最后的果穗是在栽培结束的 43~45 天前的 6 月 16~18 日开花。3 月 20 日第 1 穗果开花，6 月 16~18 日开花的是最终的果穗。

总之，133 天减去 43~45 天后，在 88~90 天出来的果穗的果数，再加上第 1 穗果的果数，就是全部收获的果实的数量（图 1-4）。

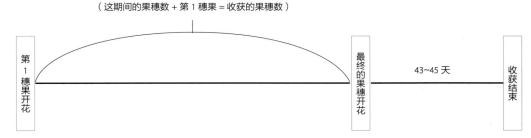

这期间天数除以 10，就是这期间出现的果穗数
（这期间的果穗数 + 第 1 穗果 = 收获的果穗数）

第 1 穗果开花　　　　　　最终的果穗开花　　43~45 天　　收获结束

图 1-4　收获果穗数的预测方法

4）果穗出现的节奏。另外，番茄的果穗出现的规律是果穗出现的间隔平均为 10 天。第 1 穗果出现后，间隔 10 天第 2 穗果就出现。实际上，早就能看到下一穗果，间隔 10 天开花这一表现虽然正确，但是从果穗出现方面计算更容易理解。

当然，根据季节和植株的长势不同果穗出现会有差异，可能提前也可能拖后，不过平均为 10 天（图 1-5）。

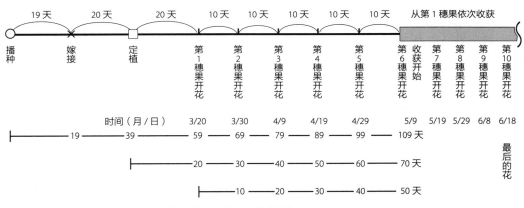

图 1-5　番茄的生长发育和果穗出现的节奏（以温暖地、暖地为例）

5）能收获到第几穗果。按照前面所述的 88~90 天约长出 9 个果穗。再加上第 1 穗果，共计 10 个果穗。

用同样的方法计算寒冷地、寒地、高冷地的总果穗数，寒冷地、寒地是 13~14 个果穗，高冷地是 14~15 个果穗（表 1-1）。

（2）1 个果穗能结几个果实　1 个果穗平均坐 4 个果为宜。当然，并不是全部的果穗都限制为 4 个果，坐 5 个果也可以。栽培的后半期植株的营养不再充足，就出现只有 2~3 个果的果穗。这并不是落果后只留下了这些果，而是最初就只着生了 2~3 朵花。

1）收获量预测。按平均 1 个果实 200 克来预测收获量，前面所述的 3 种类型地域的收获量见表 1-2。表中的收获量不只包括品质好的果实，也包含不好的果实，即总收获量。在销售方面重要的是品质好的果实的收获量，即所说的上等品的收获量。于是，上等品占总收获量的比例，即"上等品率"，就成为衡量生产技术水平的重要标准。

表 1-2　收获量的预测

地域	1 株收获的果穗数 / 个	1 个果穗的果实数 / 个	1 株收获的果实数 / 个	1 个果实的重量 / 克	1 株的收获量 / 千克	100 米² 栽植量 / 株	100 米² 收获量 / 千克
温暖地、暖地	9	4	36	200	7.2	200	1440
寒冷地、寒地	12~13	4	48~52	200	9.6~10.4	200	1920~2080
高冷地	13~14	4	52~56	200	10.4~11.2	200	2080~2240

2）上等品的果实。对于什么样的果实算是上等品，并没有统一的规定。在联合销售时，由成员们共同决定品质标准，这个标准因产地不同也有差异。在以直销店销售和自家消费为目的的 100 米² 以内的栽培中，上等品的标准必须由自己来决定。虽然标准更加主观，但若把标准定得严格一点儿，更容易激发大家提高生产技术水平的积极性，消费者也会因为购买到好的果实而高兴。

以上等品率占 70% 左右作为选择的目标怎么样？而且随着逐年提高上等品的标准，也会提高上等品的比例。就立志成为生产番茄的名人吧。

◎ 选择什么样的品种

（1）对哪些病虫害有抗性　在果实的品质和收获量方面差别不大的现在，选择番茄品种时，病虫害的抗性有无是最重要的。

表 1-3 中列举了抗性遗传因子的表示方法。这些已经在种子手册或种子袋上写明白了，该品种对哪种病虫害有抗性，一看就明白。

表 1-3　抗性遗传因子的表示方法

标记	病害名	标记	病害名
Tm	番茄花叶病毒病	V	黄萎病
Ty	番茄黄化曲叶病毒病	Cf	叶霉病
B	青枯病	LS	斑点病
F	萎蔫病	N	根结线虫
J	根腐萎蔫病		

（2）有培育价值的品种　重视对病虫害有无抗性的同时，生长发育控制的难易程度也不容忽视。概括地讲，选择生长发育容易控制的品种是正确的。但是，从栽培番茄的乐趣这一方面来讲，这样的品种并不能单纯地讲就是好的品种。

例如，1982 年的日本上市的"桃太郎"就不是好培育的品种。如果不用心管理，绝对收获不到正常的果实。反之，如果掌握了其培育要点，就能收获到很好的果实。从这一个难点上来讲，这正是"桃太郎"的魅力所在。

这个魅力不只局限于番茄。例如，询问大米"高志水晶稻"的生产者，大多数人都会回答"很难栽培"。

专　栏

从开花到成熟的天数和果穗出现的速度因温度不同而有差异

从开花到成熟的天数因季节不同而有差异，温度越高成熟越快。在这里一般平均为 43~45 天。

另一方面，果穗出现的间隔时间变化也是较为复杂的。一般的是生长发育越快的间隔就越短，温度越高间隔就越短。但是，温度太高则植株的长势变弱，生长点的伸展受到抑制。因为果穗随着生长点的伸展而出现，所以间隔时间有时也可变长。

若说适温下果穗出现的间隔就短，也不是单纯如此。适温有利于果实膨大，而且因为达到一定的积温果实才能成熟，所以比起高温时，从开花到成熟的天数变长。为此，植株负担加重，生长点的伸展受到抑制，结果是间隔变长。

综上所述，果穗出现的间隔时间不能一概而论。特别是夏播栽培的偏差更大。但是本书中提及的从春天定植到夏天或者到秋天栽培的平均间隔可视为 10 天。

2 建议使用大棚实现稳定栽培

◎ 使用大棚便能稳定栽培

本书中讲述的番茄栽培技术对这两类读者最有用：一是在享受栽培乐趣的同时自用，也能向直销店提供足量果实的农户；二是不使用加温机，在使用简易大棚就能栽培的季节进行生产的农户。

使用简易大棚就能栽培的季节，也可以进行露地栽培，但是从以下几个方面建议使用大棚栽培。

第一，在受降雨影响的露地，药剂喷洒后效果不能长时间维持。另外，根易吸收超过需要以上的水量，造成裂果。

第二，果皮受到夏天直射光的照射也容易诱发裂果。如果覆盖聚乙烯或乙烯塑料薄膜，光线能减少8%左右（覆盖新型材料），裂果少。

第三，栽培番茄的乐趣在于培育的过程。而培育番茄植株是通过控制土壤水分来进行的，所以不希望它受到降雨的影响。

◎ 建大棚的注意事项

（1）**大棚的大小和覆盖材料** 大棚里的净栽培面积为 100 米 ^{2} 左右最为合适。准备宽 5.5~6 米、长 20 米的覆盖物，推荐用聚乙烯塑料薄膜，它比乙烯塑料薄膜耐用，也不易产生高温。

3~5 月和 10 月以后从大棚肩部进行换气，6~9 月也需要进行侧面的换气，此时可以把薄膜卷起来（图 1-6、图 1-7）。

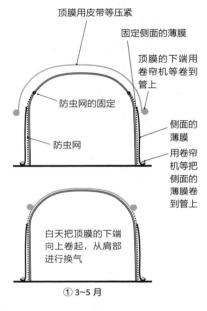

顶膜用皮带等压紧

固定侧面的薄膜

顶膜的下端用卷帘机等卷到管上

防虫网的固定

侧面的薄膜

防虫网

用卷帘机等把侧面的薄膜卷到管上

白天把顶膜的下端向上卷起，从肩部进行换气

① 3~5 月

如果不下雨，在温暖的夜间就一直进行换气

只要不下雨，肩部和侧面在白天和夜间都进行换气

② 6~9 月

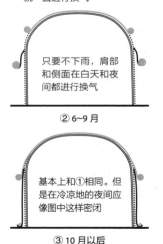

基本上和①相同。但是在冷凉地的夜间应像图中这样密闭

③ 10 月以后

图 1-6 大棚的覆盖和根据季节进行换气

（2）侧面拉的网的网眼可稍大一点儿　在大棚侧面换气的地方拉上网可防止害虫侵入。为了阻止像粉虱类和蓟马类这样小的害虫侵入棚内，就需要网眼非常小的网。专门生产番茄的农户都使用着这样的防虫网，见图1-8。

但是，如果使用简易大棚且栽培时期是在高温的夏天，并且专业生产番茄的农户的大棚的天窗等换气好的顶部没有换气的部分，在这种情况下使用和专业生产番茄的农户同样的防虫网，大棚内的温度就会太高。

因此，不要强求100%地防止害虫侵入，也可用网眼稍微大一点儿的网，从实用角度也能够取得充分的防虫效果。材料可用聚乙烯塑料薄膜，最好用长条状的特卫强无纺布（图1-9）不仅隔热性提高，而且还更结实。

图 1-7　侧面的薄膜卷帘和管

图 1-8　在侧面的薄膜卷起的地方拉上防虫网

◎ 育苗棚

（1）育苗就要建育苗棚　如果不是购买苗，而是自己育苗，就需要1个育苗棚。

只通过保温就能育苗的季节到来，定植的季节也就到来了。所以，如果从这个季节开始育苗，就会失去宝贵的时间，收获开始的时间也会推迟，收获期变短，收获量减少。为此，利用电热加温育苗装置，在严寒期进行播种，尽可能地一边育苗一边等待能定植的春天（图1-10）。

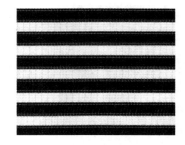

图 1-9　大棚侧面换气部分的网
杜邦公司的特卫强无纺布（黑白长条相间），遮光率为40%

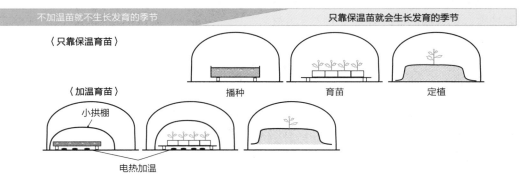

图 1-10　只靠保温育苗和加温育苗的不同

为了培育 100 米^{2}用的苗（穴盘苗），需要的场地面积约为 2 米^2，尽管育苗需要的面积不大，但也并不是建 1 个很小的棚就行。因为过小的棚室容易受外界天气的影响，夜间的保温性差，白天易升到高温。若为了防止棚内高温而进行换气，冷空气就会侵袭苗。所以至少要准备面积为 50 米^{2}左右的小棚。在没有番茄苗的时期可有效利用这个小棚培育别的蔬菜。

（2）育苗和栽培用的大棚不能兼用　不提倡不建育苗棚，而是用定植的栽培棚来育苗。如果有苗，为了定植而需进行的翻耕、旋耕和土壤消毒等就无法实施；又因为要给苗施液肥，放置苗的土壤肥料偏多，定植后生长发育会变得参差不齐（图 1-11）。

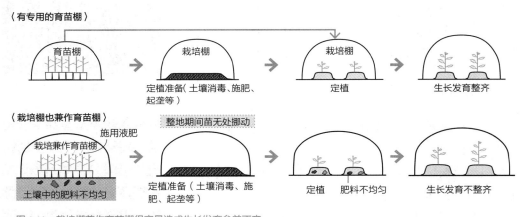

图 1-11　栽培棚兼作育苗棚很容易造成生长发育参差不齐

（3）需要育苗棚的场合　虽然有些重复，但为了确定栽培类型和方法，可参考图 1-10。

不论采用哪种方式，栽培的基本形式都是通过保温度过寒冷时期再进行定植，到适温期时，把大棚侧面的薄膜卷上去成为避雨状态。关键就是要根据想利用的苗的种类准备育苗棚。

穴盘苗自不必说。另外，如果能够买到 9 厘米钵苗，就不需要育苗棚，只需要栽培棚。

但是，如果想定植 12 厘米钵苗，也需要准备栽培棚和育苗棚，因为需要把穴盘苗再移植到钵中进行二次育苗。另外，有的育苗场只卖穴盘苗，如果想定植 9 厘米钵苗，买来穴盘苗后，需要再用与培育 12 厘米钵苗同样的做法进行二次育苗。

3 苗的种类和来源

◎ 苗的种类

（1）**自根苗和嫁接苗** 苗有自根苗和嫁接苗之分。不用担心土壤中有传染性病害的营养液栽培或箱式栽培可以用自根苗。一般的栽培必须使用嫁接苗。

（2）**穴盘苗和钵苗** 苗还可分为穴盘苗和钵苗，不同种类苗的栽培流程见图 1-12。只不过钵苗是将穴盘苗移植到钵中再进行培育而成，苗必须要经过穴盘苗的阶段（图 1-13）。理由在后面还要讲述（参照本书第 15 页），从一开始就不能直接用钵培育苗。

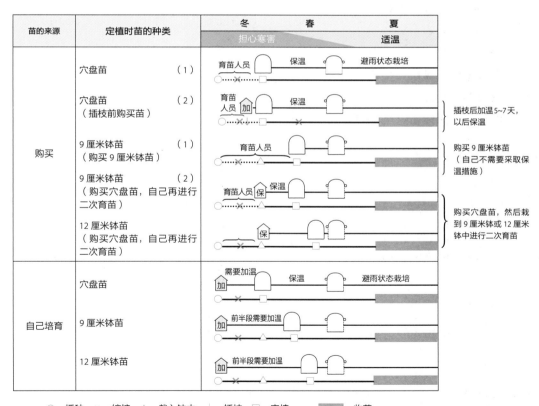

○：播种　×：嫁接　△：栽入钵中　↓：插枝　□：定植　▨：收获

加：能加温的苗床　保：苗床（只保温）　⌂：棚（保温）　⌂：侧面打开、避雨状态的棚

图 1-12　购买苗和自己育苗的栽培流程和设施利用［假设在棚（保温）内定植栽培］

培育穴盘苗时，可使用50穴的（1个穴的容量约为80毫升）或72穴的（1个穴的容量约为55毫升）穴盘。

培育钵苗时，可使用上部直径为9厘米、10.5厘米或12厘米的钵。本书中使用9厘米和12厘米的钵。

（3）主流方法为采用穴盘苗直接定植 培育穴盘苗，然后把穴盘苗直接定植到栽培棚的做法成本更低。表1-4中，把穴盘苗移植到钵中培育

图1-13　穴盘苗（上图）和钵苗（下图）

钵苗的过程中各项消耗看作1，直接定植穴盘苗用几分之一的消耗就可完成。

表1-4　**定植穴盘苗成本低**（假设移植到钵中育苗的消耗为1）

育苗空间	用土量	劳动时间			
		育苗管理	挖定植穴	苗的搬运	定植作业
1/6	1/9	1/3	1/16	1/9	1/5

直接定植穴盘苗，不仅育苗的管理时间，而且从育苗空间到定植作业的时间，各种操作的成本都较低。因此，定植穴盘苗的做法占了主流。

但是，使用钵苗有其优点。其中，较大的12厘米钵苗优点更多（图1-14）。

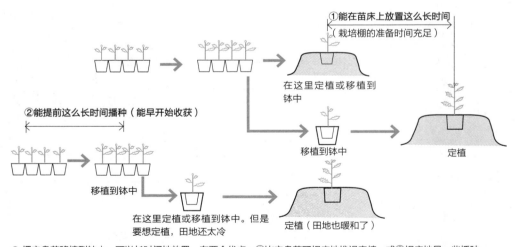

①能在苗床上放置这么长时间（栽培棚的准备时间充足）

在这里定植或移植到钵中

②能提前这么长时间播种（能早开始收获）

移植到钵中

移植到钵中

在这里定植或移植到钵中。但是要想定植，田地还太冷

定植

定植（田地也暖和了）

● 把穴盘苗移植到钵中，可以长时间地放置，有两个优点：①比穴盘苗可相应地推迟定植，或②相应地早一些播种
● 穴盘苗和钵苗在根挤满容器之前，必须留出充裕的时间培育植株。到根挤满容器时穴盘苗短、钵苗长。所谓充裕的时间，是将穴盘苗移植到钵中培育一段时间后定植或直接定植，钵苗可直接定植
● 把穴盘苗移植到钵中后，在钵内根的密度达到定植所需要的状态的时间，用12厘米钵比9厘米钵要长7天

图1-14　使用钵苗的优点

（4）苗的取出适期和定植适期　苗从穴盘或钵中取出的适期和定植适期是相同的。换句话说苗长到一定时期就必须放置在更宽敞的场所。虽然用的是"适期"这一温和的用词，但这意味着苗达到了在穴盘内或钵内生长的极限（图 1-15、表 1-5）。

形成根坨后选出能用的穴盘苗（嫁接后 20 天，最大叶长为 12 厘米）

能确定果穗的方向

节间最长也要控制在 5 厘米

最大叶长为 15 厘米

9 厘米钵苗的定植适期（能看出第 1 穗果迹象的时期）

节间最长为 6 厘米

最大叶长为 30 厘米

12 厘米钵苗的定植适期

图 1-15　定植适期的苗（也是穴盘苗向钵内移植的适期）

表 1-5　番茄定植适期（也是穴盘苗二次育苗开始的适期）苗的大小

苗的种类	株高 / 厘米	叶数 / 片	最大叶的位置和大小			其他
			位置	长度 / 厘米	宽度 / 厘米	
穴盘苗	16	3~5	第 2 片	10~12	11	
9 厘米钵苗	35	10~12	第 5 片	25	17	能看到第 1 穗果的迹象
12 厘米钵苗	55	12~13	第 6 片	30	22	第 1 穗果开花

注：叶数是完全展开的叶片的数量，以下相同。

从苗的生长状态也能判断出各种操作的适期。从穴盘中取出或定植适期是长出 5 片真叶时，9 厘米钵苗的定植适期是能看到第 1 穗果的迹象时，12 厘米钵苗的定植适期是第 1 穗果开花时。

◎ 是自己培育苗还是购买

（1）得到穴盘苗有 3 种方法　能够买到的苗大多数是穴盘苗，也有卖 9 厘米钵苗的，但是比 9 厘米钵苗再大的苗就几乎没有卖的，需要自己进行二次培育（图 1-16）。

购买苗的价格　为了缓苗使用各种遮光材料　育苗棚内的加温装置　嫁接技术和劳动力

1 全过程都自己做

（原样定植）

进行嫁接　　到适期取出并定植

穴盘　　　　　　　　　　　　　　　　　　　定植

无　必要　必要　必要

（移植到钵中，培育大了再定植）

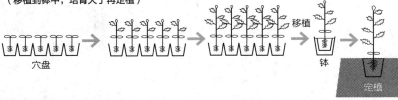

移植

穴盘　　　　　　　　　　　　　　　　　　　钵　　定植

2 购买培育好的穴盘苗

（短暂照料后，原样定植）

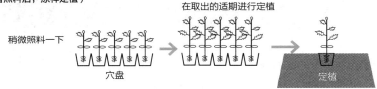

在取出的适期进行定植

稍微照料一下　　　　　　　　　穴盘　　　　　　　　定植

高价　不需要　不需要　不需要

（移植到钵中，培育大了再定植）

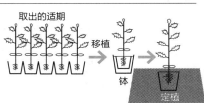

取出的适期

移植

穴盘　　　　　　　　　　　　钵　　定植

3 购买刚嫁接的无根苗

（培育穴盘苗进行定植）

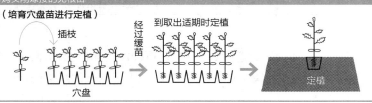

插枝　　经过缓苗　到取出适期时定植

穴盘　　　　　　　　　　　　　　定植

廉价　必要　必要　不需要

（移植到钵中，培育大了再定植）

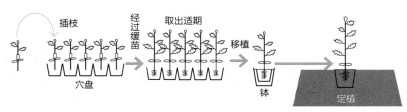

插枝　　经过缓苗　取出适期　移植

穴盘　　　　　　　　　　　钵　　定植

图 1-16　得到穴盘苗的 3 种方法

即使同样是穴盘苗，也有 3 种方法获得。

①从播种到定植，全过程都由自己培育。

②从育苗人员处购买现成的穴盘苗。

③购买刚嫁接的无根苗（断根苗），以后的培育需要自己做。

若全过程自己培育，不仅需要嫁接技术和劳动力，而且还需要在育苗棚内增加加温装置和嫁接后缓苗等必须用到的各种遮光材料等。与此相反，如果购买穴盘苗，就不需要加温装置和各种遮光材料等，只要有放置苗的棚室就行。

如果购买刚嫁接的无根苗，虽然不需要嫁接技术和劳动力，但是还需要育苗棚内的加温装置和嫁接后缓苗需要的各种遮光材料等。但是，价格比穴盘苗更便宜。

（2）钵苗也是用穴盘苗培育的　如果要自己全过程培育钵苗，很多人想一开始就在钵中培育。但是，如前所述，钵苗是在穴盘中育苗后再移植到钵中进行二次育苗，这样做的理由如下。

现在成为主流的嫁接方法是用嫁接套管进行的"套管接"。套管接操作本身很简单，即使是初学者也能容易地完成。但是，因为嫁接时砧木和接穗要完全切断，所以嫁接后的一定时间内，需要一定强度的遮光和加温等集中管理。而这种集中管理需要放置在宽敞场所的钵中进行，有时会完全照顾不过来，遮光材料和加温的成本也会增加。因此，先从在较小的场所就能完成的穴盘育苗开始，精心照料至嫁接管理期后再移植到钵中进行培育。

可以使用 72 穴的穴盘。无论采用哪种嫁接方法，嫁接后 20 天就是取出适期，此时取出后原样定植，或是移植到钵中进行二次育苗。如果进行二次育苗，9 厘米钵苗在移植后 10 天，12 厘米钵苗在移植后 17 天就到了定植适期。

（3）购买苗的最大优点　购买苗虽然花了购买费，但是育苗的技术、劳动力、设施和材料等都省去了。购买苗的直接动力就在这里，而且购买苗的最大优点是即使是育苗棚内无加温设施也能在春天定植，只要适期进行播种育成的苗，就能在对应适期定植（图 1-17）。

取得更多收获量的操作从播种阶段就开始了，必须以在定植适期内尽量早定植为前提来决定播种的日期。

但是，如果没有育苗用的加温设施，就到适合自然播种的季节时再播种。为此，收获开始的时间也会推迟，最终结果是收获量减少。自己育苗时，如果没有育苗用的加温设施，就过不了想提高收获量的第一道关口。在这一点上，育苗人员拥有加温设施，就能提供出可适期播种的苗。

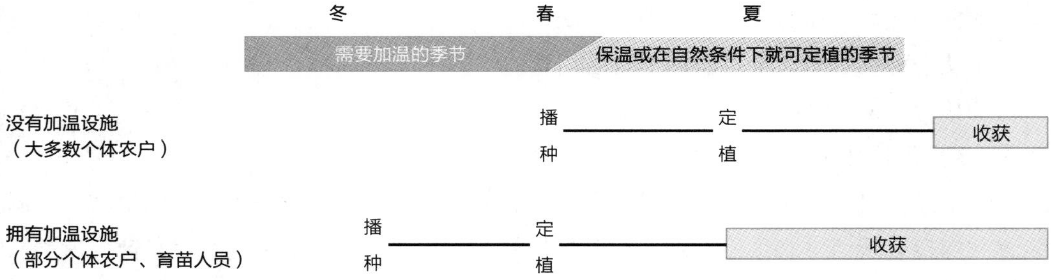

冬	春	夏
需要加温的季节	保温或在自然条件下就可定植的季节	

没有加温设施
（大多数个体农户）

播种 ——— 定植 ——— 收获

拥有加温设施
（部分个体农户、育苗人员）

播种 ——— 定植 ——— 收获

图 1-17　育苗棚内加温设施的有无对播种时间的制约

第 2 章

决定番茄栽培
成功的关键

1 番茄栽培成功与否的关键点

◎ 栽培成功与否是由第 1 个果实直径达 3 厘米的过程中的浇水决定的

（1）番茄的生长发育特征

1）对营养生长和生殖生长平衡的要求比别的果菜类更严格。营养生长和生殖生长平衡，不仅对番茄，可以说是对全部果菜类都很重要，这也是果菜类的共同特点。想做好平衡的管理，从生殖生长这方面能做得少，主要是通过控制营养生长来进行的。理想的目标是培育出不能过大也不能过小的植株，这是番茄和其他的果菜类的共同之处。

但是，在番茄的生长发育中，如果植株偏向营养生长和生殖生长任何一方，下一步就会更加偏向这一方生长，这是其他的果菜类没有的特性。为此需要彻底地搞好营养生长和生殖生长的平衡。

2）如果失去平衡就无计可施了。如果番茄植株以失衡的状态进入坐果期，就会出现以下情况，不能再恢复了。

①如果植株生长过于旺盛，果实的膨大就很差，都是小果（图 2-1）。其结果是植株加速生长。其他的果菜类即使营养生长过多，果实的品质有所降低，但是果实不会变小。营养生长过旺，就从物质方面抑制了生殖生长，在果菜类当中番茄表现得最明显。

图 2-1　植株生长过旺，果实不膨大
第 1 穗果的果实比第 2 穗果的果实小
第 2 穗果也是长到小柑橘那么大时就着色

②如果以过小的植株进入坐果期，以后植株的长势会变得更加弱，不久生长发育就停止了。面对这种情况，黄瓜等果菜类可通过摘果这一对策来解决。但是，因为番茄在一定时间内只着生一定数量的果实，摘果就一定会减少产量，所以摘果在番茄栽培中是行不通的。对这种情况没有什么好的解决办法。

（2）生长发育的关键点是第 1 个果实长到 3 厘米的时期　确定番茄向生长发育的哪一方向发展的是第 1 个果实（即第 1 穗果的最大果实）的直径达 3 厘米的时期。这时，营养生长和生殖生长平衡与否决定着这一季的产量和品质。有以下 3 种类型（图 2-2）。

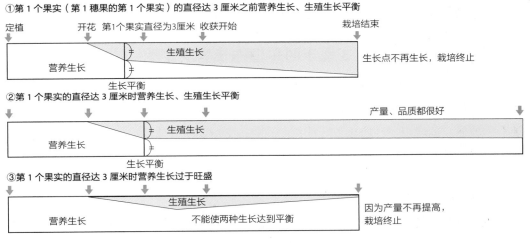

图 2-2　番茄栽培（一般土壤栽培）中营养生长、生殖生长平衡与否的 3 种类型

另外，很多人说这个时期的果实像乒乓球那么大，但是乒乓球的直径是 4 厘米，实际上这个时期的果实比乒乓球还小一点儿。

①在第 1 个果实的直径达 3 厘米以前就使植株生长平衡，这以后生殖生长的长势就无法停止，生长点不再伸展，再经过很短时间栽培就终止了（图 2-2①）。

②在第 1 个果实的直径达 3 厘米的时期使营养生长和生殖生长平衡，不偏向任何一方进入收获期。以后管理中不用抑制营养生长的长势，只要维持两种生长均衡，就能确保障产量、品质都很好（图 2-2②）。

③在第 1 个果实的直径达 3 厘米时两种生长没有达到平衡，营养生长过于旺盛处于徒长状态，产量就提不上去（图 2-2③）。但是，若限制根域栽培，在这个时期能使之平衡，以后就能顺利地栽培（参照本书第 21 页的专栏）。

（3）**生长发育类型由定植后的水分管理决定**　前面提到的 3 种生长发育类型，是由定植后的水分管理决定的。

①定植后不浇水，则植株小。第 1 个果实的直径达 3 厘米之前营养生长和生殖生长达到了平衡，但是生殖生长没有那么旺盛。果实的直径只有 2 厘米时，植株也长得小，以此来对应小的果实。这样就走向了前边图 2-2 ①的过程。

②定植后，在防止徒长的同时进行适度浇水管理。第 1 个果实的直径达 3 厘米时营养生长和生殖生长达到平衡。生长平衡后不削弱营养生长的势头，就能达到前边图 2-2 ②能达到的番茄栽培结果。

③定植后浇水过量。因为根扎得深，多数根进入了水的天然供给区，植株偏向营养生长，出现徒长状态，就走向了前边图 2-2 ③的过程。

◎ 第 1 个果实直径达 3 厘米时是植株长势决定期

（1）**以第 1 个果实直径达 3 厘米时作为分界点，要改变管理目标**　在土壤栽培中，以第 1 个果实（即第 1 穗果的最大果实）的直径达 3 厘米作为分界点，后段的管理目标要有所改变。前段以"在防止茎叶徒长的同时，又不要使植株过小"作为栽培管理的目标。后段以"防止植株过小"为管理目标（图 2-3）。

土壤栽培成绩的好坏，要看前段的"在防止茎叶徒长的同时，又不要使植株过小"这个管理目标完成得好不好。

（2）**过渡期管理、维持管理和植株长势决定期**　第 1 个果实的直径达 3 厘米前，对植株进行"过渡期管理"，在此之后是"维持管理"，以平衡植株长势。

①一般土壤栽培，从"过渡期管理"到"维持管理"

定植　第 1 个果实直径达 3 厘米　　收获开始　　　　　　栽培结束

在防止茎叶徒长的同时，又不能使植株过小而进行管理	进行防止植株过小的管理

　　　　过渡期管理　　植株长势决定期　　　　维持管理

②根域限制栽培和营养液栽培在整个栽培期间管理目标不变

不用担心徒长。如果有徒长苗头，也能容易地采取对策。整个栽培期间要防止植株过小

图 2-3　以第 1 个果实的直径达 3 厘米作为分界点，改变管理目标

"过渡期管理"是一种既要求灵感又要求慎重的管理，要根据植株长势并依靠栽培经验进行判断。番茄栽培成绩的好坏，完全取决于这个阶段的管理。与之相对应的"维持管理"就是将这一几乎定型的管理维持下去。

"过渡期管理"结束到"维持管理"的转折点，在本书中叫作"植株长势决定期"。

（3）在维持管理中，要注意防止营养生长衰退　好不容易在恰当的时间使营养生长和生殖生长达到了平衡，但是若以后的管理跟不上，营养生长太差，也不能取得好的收成（图 2-4）。

两种生长达到平衡后，只要坐果顺利就不会徒长。但是，水和肥料不足，营养生长就会衰退。土壤栽培时，因为根扎到了水的天然供给区，所以即使浇水少，营养生长也不会马上衰退。

但是，一旦收获开始，虽然有水的天然供给区，但是在塑料薄膜覆盖之下的植株没有雨水的浇灌，如果无法补足这部分水，水量不足营养生长就变差，这是番茄生长发育的根本原则在发挥作用。因此，营养生长就逐渐衰退，生长点无法伸展。

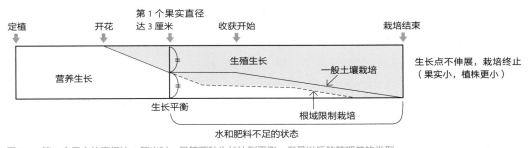

图 2-4　第 1 个果实的直径达 3 厘米时，尽管两种生长达到平衡，但是以后的管理差的类型

专栏

根域限制栽培的 3 种生长类型

①定植后，限制浇水进行小株培育，就走向了和土壤栽培图 2-2 ①同样的过程。

②定植后，进行适度浇水管理，就走向了和土壤栽培图 2-2 ②同样的过程，就形成了理想的番茄栽培。

③定植后，浇水过多或肥料过多都会使植株偏向营养生长，出现徒长倾向，

就走向了和土壤栽培图 2-2 ③相同的过程。但是，因为能限制整个根域，用调整浇水量和肥料浓度的方法控制营养生长，生长发育时期虽然推迟了，但是和生殖生长能够达到平衡。

当然，达到平衡时第 1 个果实的直径不是 3 厘米，而是 4~5 厘米。还要再调整水肥的管理来抑制营养生长的势头，等待果实生长赶上来（图 2-5）。

另外，若根域限制栽培管理不善，很快就会影响全部的根，比土壤栽培失去平衡的后果会来得更快。为此，维持管理要比土壤栽培要求更加严格。

虽然上边列举了 3 种生长发育的类型，但在根域限制栽培中根的伸展范围受到限制，并不会产生茎叶的徒长。这种栽培的管理目标是防止植株生长得过小，且这个目标贯穿植株整个生长过程。

图 2-5　根域限制栽培中，即使是营养生长过旺，生长也能达到平衡
第 1 个果实的直径达 3 厘米时，即使营养生长过旺，未达到生长平衡，但是以后再使之生长平衡，也能确保产量和品质

2 定植密度和定植方法

◎ 无论是大型番茄还是樱桃番茄，定植密度都一样

番茄的定植密度为 100 米 ^{2} 栽 200 株左右，每株约占 0.5 米 ^{2}。不仅是大型番茄，就是樱桃番茄和中型番茄的定植密度也都一样。

这个定植密度是从产量和品质两方面得出的。虽然根据采光条件不同多少有些偏差，但是总的来讲有如下的理由。以 100 米 ^{2} 栽 200 株为标准，如果再疏植（1 株占的面积更大），平均每株的产量高，品质也好。但是，因为栽的株数减少，总产量也少了。

另一方面，比 200 株密植（1 株占的面积更小），虽然总株数增加，但是平均每株的产量减少，上等品的产量也显著减少。为此总产量和上等品的产量都相应地减少（表 2-1 ）。

表 2-1　定植密度和产量、品质

定植密度	每株的产量 （上等品产量）	平均 100 米² 的总产量 （上等品产量）
比标准疏植	多　　（多）	少　（少）
标准（200 株 /100 米²，0.5 米² /株）	中等　（中等）	多　（多）
比标准密植	少　　（极少）	少　（极少）

◎ 巧妙的定植方法

（1）根坨上面和垄面水平进行定植　定植时栽得太深或太浅，缓苗成活时间都会推迟。栽得太深时，因为氧气不足，发根迟缓；栽得太浅则根坨干了，使植株萎蔫。另外，栽植后再踩踏会显著推迟缓苗成活。若把根坨弄碎，不仅根被切断，而且被压实的地方土壤坚硬，会因氧气不足而导致缓苗推迟。

将根坨栽入定植穴，定植穴的深度为使根坨的上面和垄面一样平，不要弄碎根坨，浇水，使根坨与周围的土壤接触，这样就很容易成活。

（2）把挖出的土再填回根坨处　要把挖定植穴时挖出来的土再填回根坨处。如果不这样做垄面会凹凸不平。

（3）如果要斜向引缚，从一开始就要斜着定植　如果直立引缚，不管穴盘苗还是钵苗，定植时根坨的上面都要和垄面一样平。但是，如果斜向引缚，一开始就把根坨斜着定植更便于引缚（图 2-6）。只不过采取这种方法的只有钵苗。

穴盘苗的根坨小、易干。因为穴盘苗小，长到够着引缚线需要的时间长，即倒伏状态持续会使苗的形态歪斜。

图 2-6　斜着定植番茄

3 过渡期管理的实际情况

◎ 过渡期管理的要点

（1）浇水不能过多，也不能不足　坐果前或果实还很小时进行过渡期管理，此时还没有对植株长势进行有效管控的方法，如果使根扎到了水分丰富的地下深处（水的天然供给区），茎叶的徒长就止不住了。尽管如此，如果按一味地控制植株长势的方向管理，就会以过小的茎叶迎来植株长势决定期。

不要削减植株长势，必须使植株保持恰当的长势。

另外，徒长是因为浇水过多引起的，但浇的水被吸收也不会发生徒长。由于浇水，把根引到了水分丰富的地下深处才会引发徒长（图2-7）。

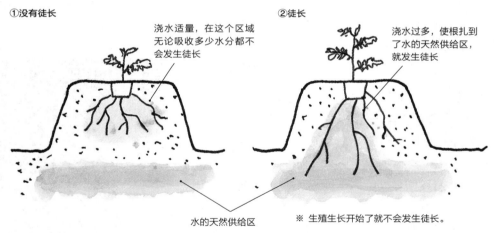

图2-7　浇水使根扎到了水的天然供给区，就会发生徒长

（2）苗的种类不同，过渡期管理的时间也不一样　过渡期管理的时间因苗种类不同也不一样，穴盘苗的管理时间长，钵苗的短（表2-2）。这个时间的长短，不但体现了管理的难易程度，而且与苗的质量也有关系。

表 2-2　过渡期管理的时间根据苗的种类不同而有差异

苗的种类	从定植至植株长势决定期	时间
穴盘苗	3 月 1 日 ~ 4 月 5 日	36 天
9 厘米钵苗	3 月 11 日 ~ 4 月 5 日	25 天
12 厘米钵苗	3 月 18 日 ~ 4 月 5 日	18 天

钵苗是苗龄较大的状态进行定植，容易控制徒长，容易培育到恰好的植株生长状态。而定植穴盘苗需要在比较幼嫩的状态把根从容器中解放出来，所以一步搞错就会发生徒长，并且离脱离徒长危险范围的植株长势决定期到来还有 1 个月以上。

（3）穴盘苗管理难度更大　定植穴盘苗的过渡期管理难度较大。而且，为了做到和钵苗同一时间开始收获，还必须要早定植。当然，田地的准备也必须要提前。

尽管如此，定植穴盘苗的还是占多数，因为它比钵苗单价便宜又容易买到。而且，购买穴盘苗后，育苗所需的一切设施、材料、劳动力就都不需要了，定植作业也极其简单易行。

◎ 9 厘米钵苗的过渡期管理

9 厘米钵苗的过渡期管理流程和植株生长发育状态见图 2-8，垄内水分的状态见图 2-9。

定植前后天数 / 天		−15	−10	0	1 2 3 4	5~9	10	20	26
浇水	浇水次数/(次/天)	1			1（合计 4 次）	无	1	1	1
	1 次浇水量	30 毫米 （3000 升/100 米²）		每株 400 毫升			2 毫米 （200 升/100 米²）	5 毫米 （500 升/100 米²）	
	方法	滴灌管		人工浇水			滴灌管		
作业、生长发育		施基肥、 起垄	定植				第 1 穗果 开花		植株长势 决定（果径 为 3 厘米）

图 2-8　9 厘米钵苗的过渡期管理

（1）定植前的施肥和浇水　过渡期管理在定植前 15 天就开始了。过渡期管理就是浇水的技术，作为开始，定植前 10 天就需要把田地充分地浇透。为此，在定植前 15 天就必须施基肥。

定植前 10 天浇水的量达 30 毫米左右（每 100 米² 3000 升），而栽培中的一般浇水

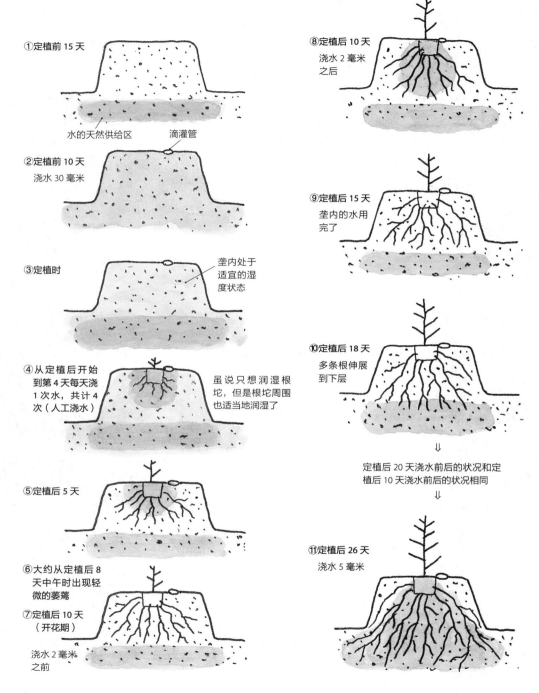

①定植前 15 天

水的天然供给区　滴灌管

②定植前 10 天
浇水 30 毫米

③定植时

垄内处于
适宜的湿
度状态

④从定植后开始
到第 4 天每天浇
1 次水，共计 4
次（人工浇水）

虽说只想润湿根
坨，但是根坨周围
也适当地润湿了

⑤定植后 5 天

⑥大约从定植后 8
天中午时出现轻
微的萎蔫

⑦定植后 10 天
（开花期）

浇水 2 毫米
之前

⑧定植后 10 天
浇水 2 毫米
之后

⑨定植后 15 天
垄内的水用
完了

⑩定植后 18 天
多条根伸展
到下层

⇓

定植后 20 天浇水前后的状况和定
植后 10 天浇水前后的状况相同

⇓

⑪定植后 26 天
浇水 5 毫米

图 2-9　9 厘米钵苗过渡期管理期间垄内水分的状态

量为 5 毫米左右，这次的浇水量相当于一般浇水量的 6 倍。这样大量的浇水，从垄到下层的全部区域就都能湿透了。

（2）定植时垄内的水分状态　定植前 10 天垄内的水分呈饱和状态，然后因水向下层移动和向空气中蒸发而减少，即定植时成为适宜的湿度状态。

（3）刚定植后的浇水　定植的植株的根还留在根坨内，如果不浇水，根坨就会干，植株也会萎蔫。刚定植后，按和育苗中同样的感觉给根坨浇水（图 2-10）。

图 2-10　9 厘米钵苗的定植

钵苗不仅比穴盘苗的根坨大，而且根从根坨中伸出并伸展到靠垄内有水处的水分就能够生长发育（即成活）需要的天数比幼嫩的穴盘苗要长 2~3 天。为此，1 次浇水的量平均为每株 400 毫升（约 2 杯的水量），定植后到第 4 天每天浇 1 次，共计 4 次。

这个时期采用人工浇水并且只浇到根坨上是很重要的。人工浇水不易发生因疏忽而浇过量的事情。

另外，向根坨浇 400 毫升的水，单纯从蒸发量来看稍有点儿多。但这是为了使根坨周围的土壤也适度地变湿润，这样才使根从根坨内伸展到垄中。

（4）定植后第 5~9 天不浇水，第 10 天浇水　定植后 6 天，伸展到垄内的根也增加，只靠垄内的水就开始生长发育。但是植株也在长大，蒸发量急速地增加，垄内的水分也快速地减少，很快就从适宜的湿润状态变为水分不足状态。

为此，从定植后 8 天开始，日照强的白天萎蔫的叶呈下垂状态。但是，要保持这样等到定植后 10 天再浇水，这时正值开花期。

定植后 10 天浇水时，使用滴灌管浇水 2 毫米左右（约每 100 米^2 200 升）。这次浇水后垄内虽然达到适宜的湿度，但是浇水还达不到水的天然供给区。

（5）定植后 10 天的生长发育　随着生长发育，垄内的干旱加速，从定植后 15 天植株就出现轻微的萎蔫。但是，到定植后 18 天萎蔫就没有了。这表示根伸展到了水的天然供给区。

虽说根到达了水的天然供给区，但是和浇水引导的情况不同，只是极少数的根到达这里。这其中，大部分的根还处在垄内的干旱状态区域。为此，如果就这样不浇水，植株就会长不大，2 天后的浇水（定植后 20 天的浇水）可解除旱情。

（6）定植后 20 天的浇水　定植后 20 天，和前一次同样，使用滴灌管浇水 2 毫米左右（约每 100 米²200 升）。随着植株生长发育，浇水前的土壤比前一次还干旱，垄面变白。但是，因为有数条根伸展到了水的天然供给区，所以植株没有萎蔫。

虽说植株没有萎蔫，但是也决不能以这样的状态来迎接植株长势决定期。这数条根供给的水量，只能满足很小的植株的需求。相反，如果供给大量水，因为植株的生殖生长还很弱，恐怕会出现徒长，毕竟目前还处在敏感的时期内。

因此，和上次一样，浇 2 毫米左右的水。总之，只以垄内的根为目标进行浇水。

（7）定植后 20 天的生长发育和过渡期管理的结束　伸展到天然供给区的根虽说逐渐地增多，从定植后 20 天浇水再过 2~3 天，徒长的危险迅速地远离。这是因为第 1 穗果的果实直径已有 2 厘米，生殖生长的比重渐渐地增加，此时垄内很快变得干旱。

从定植后 20 天的浇水，再最后忍耐 6 天，树势培育就结束了。定植后 26 天第 1 穗果的最大果实的直径达 3 厘米。此时立即浇水，每天 1 次，每次浇水 5 毫米左右（约每100 米²500 升），使垄内的水和天然供给区的水相连通。

◎ 12 厘米钵苗的过渡期管理

图 2-11 展示了 12 厘米钵苗的过渡期管理流程和植株生长发育状态，此时的垄内水分状态见图 2-12。

	定植前后天数/天	−15	−10	0	1 2 3 4	5~11	12	18
浇水	次数/（次/天）	1		1（合计 5 次）		无	1	1
	1 次浇水量	30 毫米 （3000升/100米²）		每株 500 毫升			2 毫米 （200 升/ 100 米²）	5 毫米 （500 升/ 100 米²）
	方法	滴灌管		人工浇水			滴灌管	
作业、生长发育		施基肥、 起垄		第 1 穗果开 花（定植后 2~3 天）				植株长势决 定（果径为 3 厘米）

图 2-11　12 厘米钵苗的过渡期管理

（1）12 厘米钵苗的特征和管理注意事项　在 12 厘米钵苗处于即将开花的状态时定植。为此，和穴盘苗、9 厘米钵苗不同，它的开花期前的徒长危险期已经在钵内度过，又加上茎叶也不那么幼嫩了，比穴盘苗和 9 厘米钵苗徒长的危险小。

但是，仅仅是徒长的危险小，徒长的可能性还是存在。必须认真地按流程做。

另外，特别要防止植株过小，要比对穴盘苗和 9 厘米钵苗更上心。

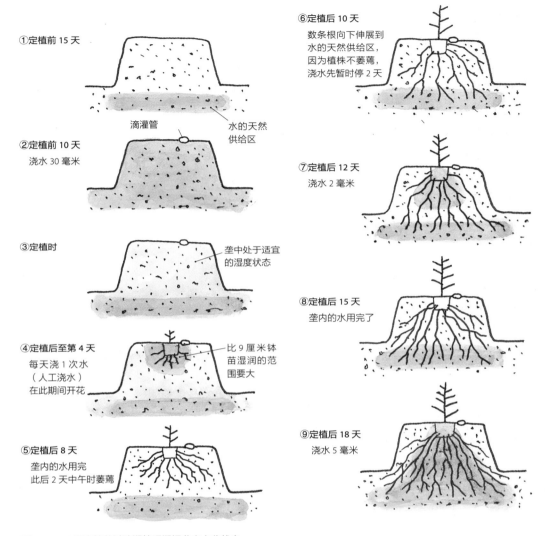

①定植前 15 天

滴灌管　水的天然供给区

②定植前 10 天
浇水 30 毫米

③定植时
垄中处于适宜的湿度状态

④定植后至第 4 天
每天浇 1 次水
（人工浇水）
在此期间开花

比 9 厘米钵苗湿润的范围要大

⑤定植后 8 天
垄内的水用完
此后 2 天中午时萎蔫

⑥定植后 10 天
数条根向下伸展到水的天然供给区，因为植株不萎蔫，浇水先暂时停 2 天

⑦定植后 12 天
浇水 2 毫米

⑧定植后 15 天
垄内的水用完了

⑨定植后 18 天
浇水 5 毫米

图 2-12　12 厘米钵苗过渡期管理期间垄内水分状态

（2）定植前的施肥和浇水，定植时垄内的水分状态　施肥和浇水的管理和 9 厘米钵苗一样。定植时垄内的水分状态也和 9 厘米钵苗一样处于适宜的湿度状态。

（3）刚定植后的浇水　刚定植后，按和育苗时一样的感觉向根坨浇水（图 2-13）。到缓苗成活需 7 天。从定植时到定植后第 4 天，每天浇 1 次，人工浇水，

图 2-13　12 厘米钵苗的定植

每次平均每株 500 毫升左右，共浇 5 次，等待缓苗成活。浇水时可以准备容量为 1 升的大杯子，1 杯水分成两半各浇到 1 株上即可。

这样浇水 5 次，除了可以保持根坨湿润外，也保持其周边土壤湿润，使根向外伸展，即达到缓苗成活的目的外，还能在开花期以后应对快速增加的蒸发量。刚定植后的浇水包含着缓苗成活以外的目的，这是 12 厘米钵苗的特征。

这时如果浇水量不足，可能会植株较小就停止了生长。另外，如果不是人工浇水，而用滴灌管漫灌，由于浇水太多发生徒长的可能性就增大。番茄在培育成正好的植株生长状态之前，因为一直有偏向徒长或植株过小的可能性，所以必须要注意浇水量。

（4）**定植后第 5~11 天暂时忍耐不浇水**　定植后 7 天缓苗成活，植株长大，垄内的水分也急剧地减少。定植后 8 天处于水分不足的状态，到日照强的中午时植株萎蔫（叶下垂）。

但是，定植后 10 天，少数的根伸展到了水的天然供给区，所以萎蔫现象没有了。尽管如此，因为大部分的根还处于垄内的干旱区，还有必要浇水。不过，少数的根已下扎到了水的天然供给区，也能确保最低限的供水安全。再忍耐 2 天，就度过了出现徒长的危险期。

（5）**定植后 12 天的浇水**　不能浇水过量，所以定植后 12 天用滴灌管浇水 2 毫米左右（约每 100 米^2 200 升）。这个时期，第 1 穗果的果实直径已达 2 厘米左右，生殖生长的比重在逐渐增加。

（6）**以后不再浇水，过渡期管理结束**　定植后 15 天，垄内的水虽然几乎没有了，但是下扎到水的天然供给区的根逐渐增加，所以不会出现旱害。另外，因为果实也顺利地膨大，这样向下发展，就将迎来第 1 穗果最大果实的直径达 3 厘米的时期。

定植后 18 天，第 1 穗果最大果的直径达 3 厘米，树势的培育就结束了。立即开始每天浇水 1 次，每次约 5 毫米（约每 100 米^2 500 升），使垄内水和天然供给区的水相连通。

◎ 穴盘苗的过渡期管理

图 2-14 展示了穴盘苗的过渡期管理流程和植株生长发育状态。

（1）**定植前的施肥和浇水，定植时垄内的水分状态**　施肥和浇水的管理与 9 厘米钵苗相同。定植时垄内的水分状态也和 9 厘米钵苗一样处于适宜的湿度状态。

（2）**从刚定植到定植后 2 天的浇水**　定植时植株的根还停留在根坨内，如果不管根坨就会变干，植株萎蔫。为此，平均每株浇水 200 毫升，把根坨和其周边土壤都浇湿润。总之，按和育苗时同样的感觉浇水。如果垄内是干旱状态，根坨和其周边的水在短

定植前后天数/天		−15	−10	1	0	1　2	10	20	30	38	38 天以后
浇水	次数/（次/天）		1		1	1　1	1	1	1	1	根据张力计的测定值，到一定干旱程度就浇 5 毫米的水
	1 次浇水量	30 毫米（3000升/100米²）			每株 200 毫升		2 毫米（200升/100米²）			5 毫米（500升/100米²）	
	方法	滴灌管			人工浇水		滴灌管				
作业、生长发育		施基肥、起垄			定植		第 1 穗果开花		植株长势决定期（果径为 3 厘米）		

图 2-14　穴盘苗的过渡期管理

时间内就会被周边的土壤夺去。定植前 10 天的浇水就是为了防止出现这种情况。

　　另外，定植后的这个时期只浇根坨和其周边是很重要的。如果把这以外的其他场所也浇湿，就有可能成为植株徒长的原因。为此，不要使用滴灌管浇水，而要人工浇水并且只浇需要的量（图 2-15）。

　　从定植到定植后 2 天，每天浇 1 次水，每次每株约 200 毫升（1 杯水的量），共浇 3 次。

　　定植后 3 天从根坨伸展出根，开始吸收垄内的水，即缓苗成活。垄内是定植前 10 天浇的水，还处在适宜的湿度的范围，但是一天比一天干旱，不过不用担心，根会向下层伸展。

图 2-15　定植穴盘苗时浇水后的情况，每株人工浇水 200 毫升

　　以后，到定植后 10 天之前都不用浇水。

　　（3）定植后 10 天的浇水　定植后 10 天浇水时使用滴灌管，浇水 2 毫米左右（约每 100 米² 200 升）。

　　浇水前，垄面发白变干，垄内的水分也减少，植株处于勉强能吸到水的状态。茎叶处于稍微发黑的状态，能看出叶的尖端有萎蔫现象。因为叶面积还小（蒸腾面积小），不会出现严重的萎蔫，尽量地使植株在这期间处于这种状态（图 2-16）。

　　（4）定植后 10~20 天的生长发育　定

图 2-16　穴盘苗定植后 10 天浇水前的样子
垄内的水减少，茎叶发黑，可看到叶的尖端萎蔫

植后 10 天刚浇水后，水到达了垄的底部，使大部分的根湿润。吸收到水分的幼嫩番茄植株反应很快，2~3 小时后茎叶的黑色消失并开始变绿，7 小时后生长点附近的叶很快变新鲜（图 2-17）。

①刚浇水后：用滴灌管浇 2 毫米（200 升 / 100 米 ²）的水。浇的水达不到下层水的天然供给区

②浇水后 3 小时的生长发育：茎叶的黑色消失，绿色增加

③浇水后 7 小时的生长发育：生长点附近的茎叶很快就变新鲜

图 2-17　穴盘苗定植后 10 天，浇水后的生长发育状态

另外，浇 2 毫米水，根扎不到水的天然供给区，浇的水在垄内扩散，使垄内变成适宜的湿度状态。

垄内干旱，因为只有极少量的根下扎到了水的天然供给区，植株中午时稍有点儿萎蔫。

根量逐渐增加，因再加上适宜的湿度条件，植株生长发育加速。只是，由于自身叶面积在增加，垄内的水分损失很快，到 3 天后浇水之前（定植后 20 天），日照强的中午时植株萎蔫（叶下垂）。

因为萎蔫会在夜间恢复，虽然缓慢但生长发育在进行，到了开花期，同时将迎来定植后 20 天的浇水日（图 2-18）。

图 2-18　穴盘苗定植后 20 天，浇水之前的生长发育状态

（5）定植后 20 天的浇水和生长发育　虽然定植后 20 天浇水后土壤中水分的动态变化和上一次（定植后 10 天）相同，但是生长发育加快，土壤比上次干得快，从浇水后 5 天就可看到植株有轻微萎蔫。但是，浇水后 8 天就消失了。这是因为根扎到了水的天然供给区。

只是，下扎到水的天然供给区的根，是适应地上部生长发育而伸展的根，不是由于浇水引导伸展到天然供给区的根。如前所述，2 毫米左右的水量还达不到水的天然供给区。

到达水的天然供给区的根还是少数，只从萎蔫消失了，植株长势还维持原样就可明白。另一方面，第 1 穗果的果实能看到了，第 2 穗果的开花也开始了，从外观上也能看到生殖生长发动了。在这种状况中，即将迎来 2 天后即定植后 30 天的浇水（图 2-19、图 2-20）。

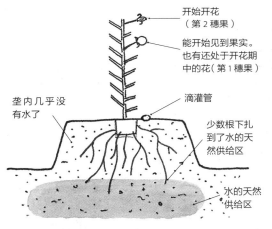

开始开花
（第 2 穗果）

能开始见到果实。
也有还处于开花期
中的花（第 1 穗果）

垄内几乎没
有水了

滴灌管

少数根下扎
到了水的天
然供给区

水的天然
供给区

图 2-19　穴盘苗定植后 28 天（定植后 30 天浇水的前 2 天）的状态

图 2-20　穴盘苗定植后 28 天（定植后 30 天浇水的前 2 天）的生长发育
因为已经有少数的根伸展到了水的天然供给区，植株没有萎蔫

（6）定植后 30 天的浇水　由于定植后 30 天浇水后土壤中水分的变化同上次、上上次几乎一样，且因为浇水前的土壤水分少，随着植株生长发育垄面全变白。但是，因为有几条根下扎到了水的天然供给区，植株就没有萎蔫。

虽说是植株没有萎蔫，但如果以这样的姿态来迎接植株长势决定期是不行的。只凭几条根供给的水量，只能培育很小的植株。相反，如果给予大量水，因为生殖生长的力量还很弱小，容易引起徒长。

因此，和上次一样浇 2 毫米左右的水。总之，只给垄内的根供水。当然，到达天然供给区的根虽然逐渐地增加，但是还没有到很多根到达天然供给区而引起徒长的程度。

（7）定植后 38 天，过渡期管理结束　番茄植株进一步生长，定植后 30 天，浇 2 毫米左右的水，靠这些水无论如何也坚持不了 10 天。幸亏，在浇水后 8 天第 1 穗果最大果实的直径就达到了 3 厘米。到了这个状态，即使是浇再多的水，也不会发生徒长了。定植后 38 天，过渡期管理就结束了（图 2-21、图 2-22）。

以后，把这时合适的植株生长状态转向维持管理。马上浇水 5 毫米左右（平均 5 升 / 米^2），使垄和天然供给区的水相连通，在想尽一切办法使果实膨大的同时，也要防止植株长势的衰退。

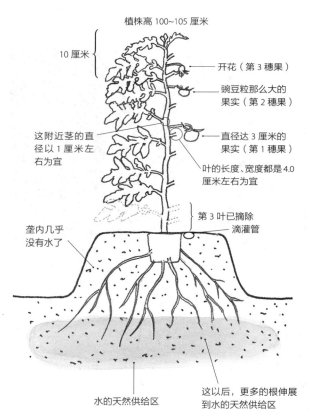

图 2-21　穴盘苗定植后植株长势决定期（定植后 38 天）的生长发育和垄内的状态
过渡期管理结束，在将要浇水之前的状态

图 2-22　培育得长势合适的穴盘苗定植后 38 天后的状态

若今后浇水和施肥不足，植株长势会减弱，但不用再担心徒长

从"忍耐的日子"到"解放的日子"

对于管理者来说，从定植到植株长势决定期，把要浇水的总量预先浇上，然后等待长成好的树势，也许这样更容易理解。从合理性上来讲，在最开始时把需水总量全浇上，然后等待植株长势决定期是最好的，但是，那样就长不成合适的植株生长状态。

要想培育合适的植株生长状态，应从茎叶的大小和土壤的干湿情况等方面不断地观察所谓的限度，必须随时按照所需要的量少量多次浇水。从定植到植株长势决定期，对番茄也好，对管理者也好，都可以说是"忍耐的日子"。

4 这个时期的其他管理措施

◎ 培养树势期间的药剂喷洒和药害

（1）**容易产生药害** 在培养树势期间的药剂喷洒容易引起药害，所以必须要注意。在茎叶细胞中水不足时容易发生药害。

培养树势期间，节制浇水的时期反复多次。为此，苗的时期和培育树势以后的时期不能以同样的方式喷洒药剂。

图 2-23 表示了定植穴盘苗时，能进行药剂喷洒的时间。

（2）**可喷洒药剂的时期是一定的** 一般地在苗床上喷完药后再定植，几乎没有在刚

定植后天数 / 天	定植	10	20	30	38
浇水	每株 200 毫升 3 次	2 毫米	2 毫米	2 毫米	5 毫米
可喷洒药剂的时间	2 天	3 天	2 天	1 天	4 天

在苗床上喷洒药剂后再进行定植是基本原则

图 2-23 定植后（培养树势期间）的浇水和可喷洒药剂的时间（定植穴盘苗）

定植后就喷药的，如果必须要喷药，就在定植后 2 天进行。因为用于穴盘苗缓苗成活的水很少，所以从定植第 3 天开始再喷药就很危险了。

以后，每次浇 2 毫米的水，在能喷洒药剂时喷洒，但是随着生长发育，因为浇水后垄内很快就干旱了，能喷洒药剂的时间很短。定植后 10 天浇水之后为 3 天，定植后 20 天浇水之后为 2 天，定植后 30 天浇水之后为 1 天。培育树势后浇 5 毫米水之后，在 4 天内喷药是没有问题的。

◎ 植株长势决定期以后的浇水管理

（1）为了判断何时浇水，建议使用张力计 培育树势结束后，就进入大量浇水的阶段。

不能凭肉眼判断，建议使用张力计测定土壤水势（pF）。把 pF 为 2.3 左右作为浇水点。观测的位置以垄面向下深 10 厘米处为宜。

1 次的浇水量以平均 100 米^{2}用 250~500 升为宜。因为确定了浇水点，所以 1 次的浇水量不论是 250 升还是 500 升，到栽培结束浇的水量应该大致相同（图 2-24）。

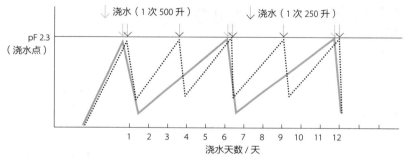

1 次浇水 500 升和 250 升后的 pF 变化，500 升的比 250 升的要低。这以后 pF 的上升（干旱程度）也是若浇 250 升的 3 天后就达到浇水点，浇 500 升的则 6 天后达到浇水点。像这样因为浇水后的干旱程度几乎随着浇水量而相应地变化，所以尽管 1 次浇水量不同，整个栽培期间总的浇水量大致相同

图 2-24　浇水量和 pF 的变化关系（假设浇水天数的模型图）

（2）水和肥料都要施足 植株长势决定期以后，浇水和施肥即使是用的量多，也不会引起徒长。茎叶虽然确实长大了，但是相应地果实也长大了，营养生长和生殖生长达到了平衡。

另一方面，如果控制浇水和施肥量会怎么样呢？乍一看似乎茎叶和果实都变小，还是保持平衡。但是如果进入这种恶性循环，番茄以外的多数植物可以操作，但是番茄则不同。因为番茄的茎叶虽然变小，但是果实不怎么变小。最后的结果是平衡被打破，植株偏向于生殖生长。

一旦平衡偏向生殖生长，就不能修复。不久生长点就会停止伸展。

第3章
收获期的管理

1 激素（番茄坐果灵）处理

◎ 激素处理和番茄坐果灵

（1）激素处理是必需的吗　在适温期培育的番茄，不加任何东西处理也能结很多果实，但是，要想收获到计划的高产量，用激素处理还是更有把握的。

另外，番茄栽培中最重要的技术"培育树势"，没有起控制植株长势作用的第 1~2 穗果的果实是不行的。为此，必须使果实坐住。

可以植物生长调节剂如番茄坐果灵，用水稀释 100 倍后使用。

（2）番茄坐果灵液剂的配制方法和保管　不是到用时现场配制稀释液，可以一次用 2 升左右的大塑料瓶配制好，装入备用。为防止重复使用要加入红色食用色素。

经常见到有把稀释液放在冰箱中保管的情况，实际不需要低温保存，常温即可。

◎ 处理的方法和防止失败的要点

（1）处理的顺序和要点

1）同一个果穗上全部的花一起处理。

2）要使花充分地附着番茄坐果灵液（图 3-1）。

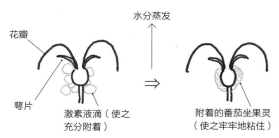

花瓣

萼片

激素液滴（使之充分附着）

水分蒸发

附着的番茄坐果灵（使之牢牢地粘住）

※ 实际上在水分的蒸发过程中番茄坐果灵也向组织内渗透，所以并不是先全都附着在表皮上之后再吸收。

图 3-1　充分附着番茄坐果灵

3）在处理效果好的出花状态时进行处理。

处于开花状态是最佳处理适期，但是，果穗上全部花无法一起达到这样的条件。果穗基部先开花，逐渐地向尖端开，但是，如果等到尖端的花开了再处理，基部花的寿命已到；如果以基部的花为适期，尖端过嫩的花蕾就不能坐果（图 3-2、图 3-3）。

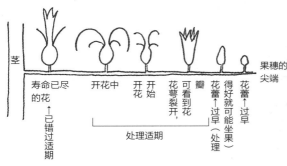

图 3-2　花的状态和处理适期
果穗的基部先开花，寿命逐渐变短

图 3-3　错过激素处理适期的花（①）
等到花④开时花①的适期已错过。花②～④处于处理适期

4）只处理 1 次。处理 2 次，不仅浪费，还易形成畸形果。

5）只喷果穗，不要喷到茎叶上。特别注意不要喷到生长点上（图 3-4）。

由于番茄坐果灵引起的障碍是与病毒病相似的小叶萎缩，叶面积显著变小。这个障碍不是暂时性的。因为番茄坐果灵会在茎内移动，新叶也会陆续地表现出症状，可持续较长的时间。

图 3-4　番茄坐果灵的喷法
用中指和无名指夹着花穗的基部喷，就喷不到生长点和茎上

（2）喷雾处理和容器浸蘸处理　有使用喷雾瓶向果穗上喷雾的方法和将果穗放入盛有激素溶液的烧杯等容器中浸蘸的方法。

喷雾处理是一般的处理方法，下面将以这种方法为主进行讲解，容器浸蘸处理因为也有其优点，所以在此分别讲解它们的特征。

1）喷雾处理的优缺点。

①作业简单方便，效率很高。

②如果喷得不细致，有的地方附着量会很少。

③果穗以外的茎叶上也容易附着。

2）容器浸醮处理的优缺点。

①能使处理液充分地附着（理论上最大的附着量）。

②处理时要防止使处理液溢出。这一点很麻烦，效率低。

③因为要用手压着使果穗进入烧杯，所以有的果穗基部会折断（处理时期的果穗还很嫩，没有收获时期时坚韧，易折断），见图3-5。

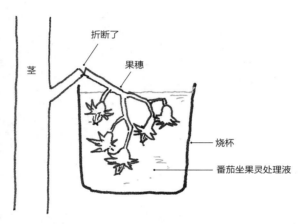

图 3-5 用烧杯处理时注意不要把茎折断了

如果作业时在烧杯内少放处理液，虽然不用担心处理液溢出，作业变得方便。但是，处理液少，就必须要把果穗向烧杯内压入再深一点儿，折断的概率会更高。为此，无论如何也要把处理液装到烧杯的上缘附近进行作业。

3）这种情况用容器浸醮处理方便。容器浸醮处理时，因为把花浸入处理液中，不会出现附着不匀的问题。另外，附着量也很多。为此，对在"根据条件，使处理液充分附着就能坐果"这个阶段的花蕾进行处理其坐果的概率高，对比这样的花蕾再稍微嫩一点儿的花蕾也能有很好的效果。

为此，什么时候处理最合适呢？比起等着下次激素处理，还是建议在开花时就处理了。总之，如果等到下次激素处理，就会有开得太晚的花，因此即使有很多处在花蕾阶段的花，也必须在这次处理。

（3）**使处理液牢牢附着的方法** 喷雾处理时只喷一下附着的处理液量会不足。最少也要喷两下。

附着牢固度和其他作业也有很重要的关系。用处理液处理后，防止附着在花上的处理液的液滴滑落下去，静静地使水分蒸发，使有效成分牢牢地附着在花上是很重要的。

为此，在番茄坐果灵的液滴没干之前，不能进行摘腋芽或引缚等晃动植株的作业。在早上处理，其他的作业要在处理液的液滴干了之后再进行。另外，在其他作业全部结束后的下午再进行喷雾处理也可以（图 3-6）。

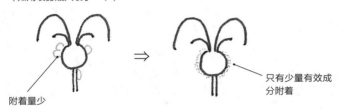

①喷洒的量不足
（如用喷雾瓶只喷了一下）

附着量少

只有少量有效成分附着

②喷洒之后番茄坐果灵的液滴滑落了
（例如，激素处理后马上进行摘腋芽而晃动了植株）

液滴滑落

只有少量有效成分附着

图 3-6 虽然进行了喷雾处理但还有落花的原因

◎ 判断处理适期和防止浪费

（1）花的状态和处理时机 图 3-7 中，A~D 分别表示了花的状态的 4 个阶段。

A 是所有的花正处在处理适期的花穗。花数少的花穗花的状态更一致。只要不是高温期，4 朵花以内的花穗所有的花都在处理适期。

B 是根据条件决定花蕾坐果还是落花的花穗。在番茄栽培中，对与这种状态的花穗大致相似的花穗用激素处理。

C 是处于要想用激素处理还稍早一点儿的状态的花穗。穗上有用激素处理还显现不出效果的太嫩的花蕾。要等到下次处理，但是并不是到那时所有的花处于处理适期。这次处理时太嫩的花蕾就要根据条件确定是使之坐果还是任其落花。

D 是处于要想用激素处理已经太迟状态的花穗。若等着花穗尖端的花到达处理适期，最早开的花就处于枯萎状态了。到了高温期，花的寿命缩短，即使是有 4 朵花的花穗，如果疏忽也会出现这种情况。在高温期，有这些花数的情况下，花穗尖端的花蕾鼓起到能够坐果时就是处理适期，当然要使其附着充足的激素。

A 所有的花都在处理适期（4 朵花的花穗）
● 最早开的花①花瓣向后弯曲着，活性很高。花穗尖端的花④萼片裂开，能看到花瓣，进入激素处理很有效的时期
● 4 朵花以下花穗全部的花一起进入处理适期。但是，因为目标是 1 穗要收获 5 个果实，所以不能说是最好的方式

B 5 朵花的花穗的处理适期
● 基部 3 朵（①～③）在处理适期。花④的萼片也开始裂开了，所以也没有问题。花⑤根据附着的激素量的多少等条件而坐果
● 2~3 天后，要么全部的花都在处理适期，要么花①的寿命已尽
● 因为激素处理 1 周进行 2 次，所以对即使不到处理适期的花蕾也必须要进行处理。为解决这个问题，要使番茄坐果灵牢牢地附着在花上

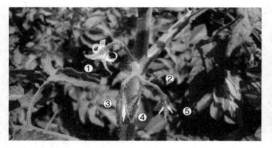

C 因为过早，可以下次处理
● 基部的 3 朵花（①～③）在处理适期，花①若使激素牢牢附着就能坐果，但是花⑤因为太嫩不坐果

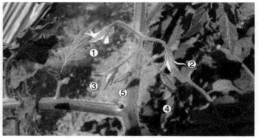

D 这个也太早了
● 花④可能能坐住，但是花⑤坐不住

图 3-7 花的状态和处理的时机

（2）**激素处理的频率**　有的植株第 1 穗花最初的 1 朵花开花特别早。为此，如果等到后面的花陆续开放再处理最早开花的这朵花就太迟了。但这并不是说对这样的花穗没有处理适期，而是处理适期的天数短。

因此，只有第 1 穗花的激素处理时间不定，每 2 天巡查 1 次，在适期处理。

对第 2 穗花及以后，1 周处理 2 次。

（3）**防止重复处理**　用激素处理花后，子房的部分（花萼基部的地方）一下子就鼓起来了。因此，注意观察也容易与未处理的花穗区分开（图 3-8）。

　　尽管如此，若担心重复处理，可在处理液中加入红色食用色素，在已处理花穗上留下红色。

　　笔者朋友的父亲，会在处理过的花穗上挂上 1 束松针作为记号，这是一种风雅的做法。并不是所有的花穗上都需要挂松针，每次处理后换到刚处理过的花穗上面，所以 1 株只用 1 束松针即可。

子房部分鼓起来

图 3-8　用激素处理后子房部分鼓起来
用番茄坐果灵处理后子房鼓起来很快，处理后第 2 天就能发现。膨大开始快是番茄坐果灵的优点

◎ 大规模长期栽培时可利用熊蜂授粉

　　大规模长期栽培时，因为人工进行激素处理会来不及，所以利用熊蜂进行授粉（图 3-9）。

　　（1）欧洲熊蜂和红光熊蜂　授粉时利用的熊蜂，有欧洲熊蜂和红光熊蜂 2 种。欧洲熊蜂因为飞来飞去的数量多，可看到它们勤于授粉的状态。与此相对应，因为红光熊蜂飞来飞去的数量少，乍一看像是工作能力差、授粉少。但是，比起欧洲熊蜂，1 只红光熊蜂能访很多花，所以实际上也在很勤奋地工作，不用担心。

　　在高温或低温时，或花的质量不好时，熊蜂的授粉能力差。

　　（2）对熊蜂来说质量差的花　对熊蜂来说，质量差的花是花蜜标识（使昆虫知道花蜜下落的标识）不清楚的花，而不是成为乱形果的花。因此，只要授上粉，就能够收获果实。

　　熊蜂能看到紫外线。因为花瓣反射紫外线，熊蜂以此为目标就可以飞来。另一方

①访花中的熊蜂

工作标记

②访过的花上表现出的工作标记（茶色部分附着着花粉）

图 3-9　由熊蜂进行授粉（黑木　供图）

面，因为花蜜吸收紫外线，在熊蜂看来是黑色的。它们看到黑色就能确定授粉的位置。如果花的质量差，花蜜就少，这种识别就很难出现。

（3）对第 1~2 穗果最好采用激素处理　最早的 1~2 穗果的花，在高温期时进行分化，还因为是在培养树势的盛期中成长的，所以没有吸收充足的水分，对熊蜂来说是质量差的花。

因为熊蜂能在空中静止，所以尽管花的质量稍有点儿差，也能找到授粉位置，但是对第 1~2 穗果用激素使其坐果更安全。培育树势的前提是第 1~2 穗果确定坐果，这样做才会更保险。

另外，在很多地区，番茄植株的生长、发育期长，第 1~2 穗果的开花期正值熊蜂活动不利的高温期，此时购买蜂箱还太早，大棚内设置蜂箱要在 9 月下旬之后，因此也要对第 1~2 穗果进行激素处理。

（4）大型番茄和樱桃番茄的防低温对策不一样　熊蜂的活动受温度影响。在温度下降的冬天，在降到番茄的最低夜温之前，因为太冷熊蜂的行动被抑制，但是从番茄的生理和省能量方面来综合考虑，最低夜温是不能变化的。

为此，要确保白天的温度，促使熊蜂活动，但是对于大型番茄，不得不容忍熊蜂稍微地活动低下。但是对于樱桃番茄，不能使熊蜂活动降低，所以比起大型番茄，必须要提高最低夜温。

（5）防止蜂箱内的高温　比起低温，高温也是切实的问题。从 10 月到第 2 年 3 月，虽然白天棚内熊蜂活动时为适温，但问题在于蜂箱内的高温。蜂箱内的高温加快了蜂群的衰弱，结局是缩短了蜂箱的更新间隔，成本提高。

蜂巢内的蜂蜡到 38℃时就融化。即使是到不了这样高的温度，箱内温度到 30℃以上蜂群的衰弱也会提前。如果不用东西把蜂箱覆盖住，即使在冬天箱内温度也能达到 30℃以上。

可以在蜂箱上盖上遮阳板等，但如果直接盖上遮阳板，遮阳板的热量会传到蜂箱，所以要将蜂箱与遮阳板隔开。如图 3-10 这样，用双层的屋顶隔热就更完善了。

（6）蜂箱的更新间隔　在采取了以上对策之后，蜂箱的更新间隔在 9~10 月和 4 月以后约为 30 天，其他的时期约为 40 天。

图 3-10　熊蜂蜂箱的遮阳板

2 引缚、摘心、摘腋芽、摘叶

◎ 引缚

（1）是直立引缚还是斜向引缚　引缚分直立引缚和斜向引缚，也可以把茎放下去重叠起来，但是基本类型就是直立引缚和斜向引缚。

在一般高度的垄上直立引缚，成年人的手能够到的是第 6 穗果。如果不起垄在平地栽培，用手能够到第 7 穗果。

因此，栽培期短且想收获 6~7 穗果就结束时用直立引缚，想收获 7 穗果及以上的就用斜向引缚（图 3-11）。

另外，引缚方法有用捆扎机把茎固定到横线上的方法和用细绳螺旋状地缠在茎上并拉到上面的铁丝上吊立的方法。前者可用于直立引缚或斜向引缚，后者主要用于直立引缚（图 3-12）。

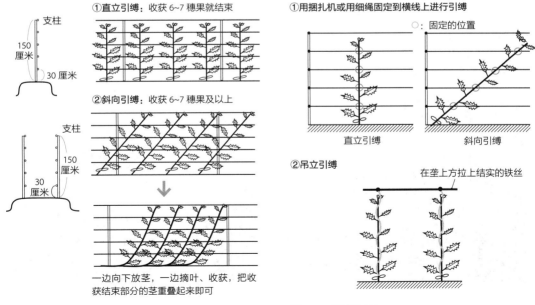

图 3-11　在栽培期间变换引缚类型

图 3-12　引缚的方法

（2）**引缚方法和栽植方法**　直立引缚时可采用成行栽植的方法。单行栽植时从植株的两侧都能管理，特别是更能提高喷洒药剂的防治效果（图 3-13）。这是因为从植株的两侧都能喷洒，所以无遗漏。

斜向引缚时单行栽植就不太方便了。如果不栽植双行，到达垄两端的茎就无法缠到相邻的行上去（图 3-14、图 3-15）。

双行栽植，即在比较大的垄的近两侧处栽植 2 行是一般的栽植模式，但也可在垄的正中间栽植 1 行，然后可再交互地分成 2 行的方法（图 3-16）。

番茄植株的支撑方法有以下 2 种。不管哪一种方法，支撑的部位都是茎。

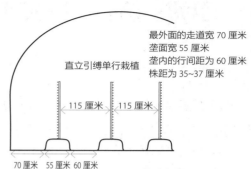

图 3-13　直立引缚单行栽植时的起垄方式（大棚宽 5.4 米）

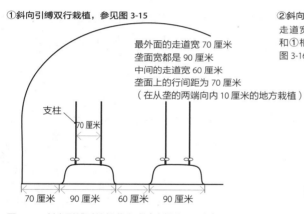

图 3-14　斜向引缚时的起垄方式（大棚宽 5.4 米）

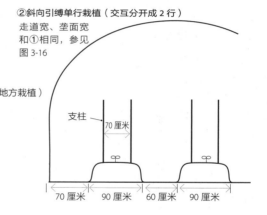

图 3-15　斜向引缚双行栽植的大棚（株距为 56 厘米）

图 3-16　在垄的中间栽 1 行，然后交互地分成 2 行（株距为 28 厘米）

（3）用捆扎机把茎固定到横线上引缚的注意事项

1）防止因叶和果穗卡在横线上而影响其伸展。若叶或果穗卡在横线上，随着嫩茎伸长，不仅横线被顶起，茎的伸展被抑制，生长点部分还会像鞠躬一样呈歪倾状。要想防止这种情况出现，如果看到将要引缚部分的叶或果穗像图 3-17 这样被卡住，就暂时将其从横线上绕过去，等茎伸展过横线之后再用捆扎机固定住。

2）拉出胶带时不要损伤茎。还需注意的一点是捆扎机的使用方法。把茎固定到结实的支柱上时，把胶带压到茎上，再拉伸胶带固定住即可。但如果要固定在横线上，因为横线有弹性，捆扎机不好用。为了固定住就要拉出胶带，若绑得太紧易伤到番茄的茎。为防止这种情况出现，如图 3-18、图 3-19 这样，可以先用手指压一下胶带，拉出胶带后把茎松松地固定在横线上即可。

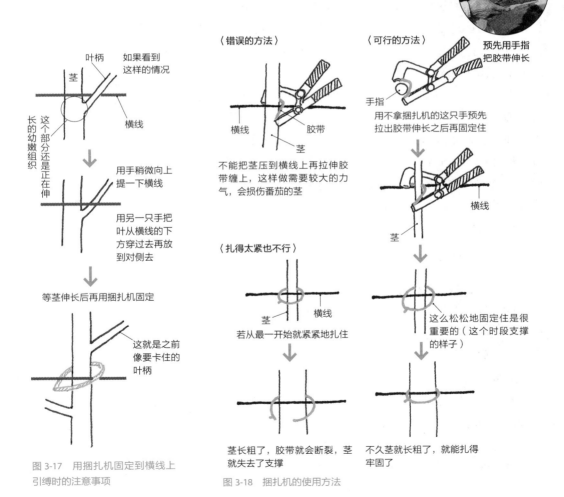

图 3-17　用捆扎机固定到横线上引缚时的注意事项

图 3-18　捆扎机的使用方法

3）使用时胶带的长度要很充裕。先用手指伸长胶带，还有另外一个优点。如果不将胶带留有一定的长度就紧紧地固定上，当植株长大、茎变粗时胶带会崩断，植株就会倒伏。为此，在使用捆扎机时，不能扎紧，而是要有支撑的感觉，还要使胶带留有稍微富余的长度。

直接将胶带都粘到茎上的做法，不仅会损伤茎，而且也无法拉出所需要的长度。而如果使用手指，就可以拉出稍微富余长度的胶带。

（4）用细绳螺旋状地缠在茎上吊立引缚的注意事项　进行这种引缚时需要注意的是需在1节上缠1圈。如果越过1节，每2节上缠1圈，随着植株生长发育，茎叶变重时会支撑不住，有的茎就会垂落下来（图3-20①）。

在1节上缠2圈也是不好的。因为缠细绳时茎还幼嫩，缠上之后茎才变粗。1节上缠1圈时，因为茎在变粗时细绳伸展，所以不会出问题。如果1节上缠2圈，细绳就无法在茎的表面顺畅滑动而是拧紧，这部分的茎就变扭曲了。其结果是，茎的伸展也变得扭曲起来（图3-20②）。

◎ **摘心和摘腋芽**

（1）摘心的效果和适期

1）摘心的效果。等最后一穗果的花开了，对这穗果上面留的2片叶进行摘心。因为摘心后果实会变大，糖度也会提高，所以一直任生长点自由生长的栽培方式是不利的。

另外，最后留到第几穗果合适，在第1章（第4页）中已经讲述了。

如果摘心，这以前向生长点供应的同化养分转向果实或腋芽，但是因为腋芽原则上在小的时候就摘除了，所以同化养分主要是流向了果实（图3-21）。

摘心带来的果实膨大和糖度提高的效果，在摘心时除去绿熟期（果实不再膨大等待

图 3-19　用捆扎机将胶带捆到横线上的状态

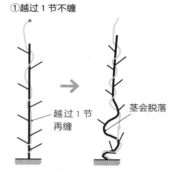

图 3-20　缠上细绳吊立引缚的注意事项

图 3-21　摘心和摘腋芽后，叶制造的同化养分流向部位

叶也会自身消耗一部分

着色的时期）的果实外，可惠及所有的果实，但是对幼嫩果实的效果最大。总之，离摘心位置最近的果穗效果最明显。

另外，从开花期到绿熟期各个阶段的果实都开始有的是第 6 穗果的开花期，这时第 1 穗果正处于绿熟期。

2）摘心的适期。摘心时，不能用剪刀等的利器而要用手摘。不使用剪刀等利器的理由在后面还要讲解，但是用手摘心必须是在茎长结实之前。开花期在果穗上方留 2 片叶的摘心作业，因为是摘掉幼嫩的组织，所以正值用手摘的适期。

如果比这时期再晚进行作业，就必须使用剪刀了。另外，需摘除茎叶的量也变多，浪费制造的养分，水分吸收和蒸腾更易失衡，造成生长发育停止，好不容易费力摘心的效果就这样丧失了（图 3-22）。

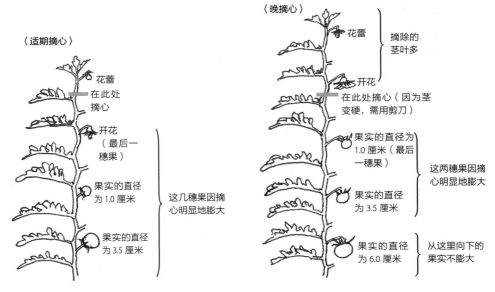

图 3-22　适期摘心和晚摘心的区别

（2）徒手摘腋芽、摘叶、摘心

1）徒手摘可防止病害传染。除一部分病毒病外，几乎所有的病害，都可通过摘腋芽、摘叶、摘心时接触病害的剪刀或手而传染接触到的健康部分，更准确的说法是"接触的部分病菌留在植株上进行传染"。

因为摘腋芽、摘叶、摘心都是去除一部分茎叶的作业，如果接触的部分不留在植株上，就可避免病害传染。

只要使用剪刀或刀子等刀具，就不能全去除感染的接触部分（图3-23）。但是徒手操作就可做到。

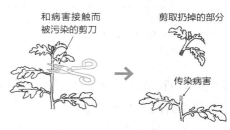

图3-23　通过剪刀传染病害（使用刀具也一样）

下面讲解一下徒手操作时的注意事项。

2）徒手操作时的注意事项。因为腋芽或叶最基部的地方容易折断，捏住基部再稍微靠上的地方后折断，即使是没有特别注意，也能把接触的部分除去。

与此相对应，摘心时如果不注意就会留下接触的部分。总之，徒手摘除（和刀具相同），在捏的正中间部分折断是不行的。必须是在比捏的部分稍微向下一点儿的地方（植物组织老的部分）折断（图3-24）。

同样是用剪刀，从病害接触传染的可能性来讲，对果实的收获作业接触传染的担心要小一些（参照本书第58页）。

（3）摘腋芽时不撕裂皮的技巧　摘腋芽，趁腋芽小时摘更容易，而且对番茄在生长发育方面的损伤也小。

但是，如果发现了因疏忽而漏掉又长大的腋芽，一定不能拉扯下连着的皮。为此，需要稍微有一些技巧，见图3-25。

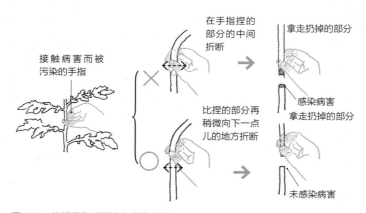

图3-24　徒手操作时要防止感染病害

②首先，向对侧用力折断。
如果如图那样摘，会连带
着扯下图中标记部分的皮

③因此，下一步向内向
斜下方掰

①长大的腋芽

④这样就能不伤茎很利落地摘下

图 3-25　不扯下皮摘腋芽的技巧

（4）虽然小但也不能忽略的腋芽　一定不能漏掉长大的腋芽这事就不用说了，而且，虽然小，但也不能漏掉的是生长点附近的腋芽。

这里的腋芽比别的腋芽生长快，会很快和主枝的生长点形成竞争。其结果是腋芽生长与生长点形成 Y 形（所谓的培育 2 根主枝的形状）。这样摘了腋芽之后主枝也不能笔直地生长，残留着稍微弯曲的形状。如果连续几次遗漏，就会形成弯曲的闪电形状的茎。

茎弯曲虽然不是立刻引起减产，但是培育树势的技术也是番茄栽培的技巧所在，植株形态是其技术的成果，还是让植株直立地向上生长为好。

（5）摘腋芽时要由上往下　很多人摘腋芽时往往是从植株基部开始向生长点的方向进行。这种做法可能是基于不想把植株基部大的腋芽漏掉的意识。但是，这种做法很容易不经意间就把生长点附近的腋芽漏掉了。

与之相反，从生长点开始向植株基部往下摘就不可能把生长点附近的腋芽忘掉了（图 3-26）。这是因为生长点附近的腋芽会首先映入眼帘。所以推荐一定要从上向下摘。

最不想忽略
掉的腋芽

从下向
上摘容
易漏掉

从上向下摘
不容易漏掉

果实

图 3-26　摘腋芽的方向

◎ 大型番茄的摘叶

（1）摘叶的必要性　如果只从番茄的生长发育方面来看，摘叶也许并不是必要的工作。但是，从以下所讲的理由看，摘叶是番茄栽培中很重要的工作。

①若叶混杂拥挤，在防治病虫害时药液难附着，结果是病虫的危害加重。

②叶片增加，用药量也相应地增加。

③叶覆盖着果实，光照差，培育不出漂亮的红色果实（樱桃番茄）。

④吊立引缚时，叶片过多会中途卡住，不仅作业不能顺利进行，而且容易伤到叶片。

（2）果穗上面和下面都要有叶 供给果实光合产物的是果实下面的叶。但是，果实的膨大不只与光合产物有关。必须与光合产物同等重视的是水的移动。

蒸腾有从根把水向上提升的作用。从这个力的方向来看，重要的叶是"在果实之上"的叶。

总之，为了果实膨大和成熟，上面的叶、下面的叶都是必需的。所以，主枝摘心时要留下最后果穗上面的 2 片叶（图 3-27）。

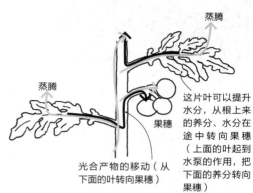

图 3-27　果穗和其上面、下面叶的作用

（3）必需的叶片数和摘叶的原则 摘叶作业的问题是摘几片叶（留几片叶）。这里说的叶数，是指充分长大并展开的叶。总之，基部最小的 3 片叶和开花中果穗上面的未展开叶不能算上。

摘叶的原则如下。

①平均 1 个果穗留 3 片叶。

② 1 次摘 1~2 片叶。

③基部的 3 片叶可 1 次摘完。

④作业间隔时间为 10 天左右。

遵循 1 个果穗留 3 片叶这个原则，收获开始后的植株通常有 18 片叶。

图 3-28 和表 3-1 展示了收获开始时植株的摘叶方法。

（4）摘叶的节奏和顺序 无论哪一穗果，在收获开始时都要维持下面有 3 片叶。

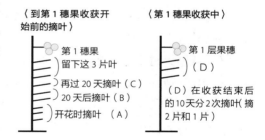

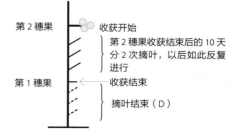

图 3-28　大型番茄的摘叶

（A）~（D）和表 3-1 中的（A）~（D）的叶相同

为了容易看明白，番茄的叶都在右侧展示

表 3-1　大型番茄的摘叶（从第 1 穗果开花到收获开始的 40 天）

苗的种类	第 1 穗果收获开始前的摘叶 （假设在 9 片叶上面着生第 1 穗果）			收获开始时第 1 穗果下面留的叶数（D）
	基部摘 3 片（A）	下次摘 2 片（B）	下次摘 1 片（C）	
穴盘苗	开花时（定植后 20 天）	→ 20 天后	→ 20 天后①	3 片
9 厘米钵苗	开花时（定植后 10 天）	→ 20 天后	→ 20 天后	3 片
12 厘米钵苗	开花后 2 天（定植后 5 天）	→ 18 天后	→ 20 天后	3 片

注：（A）~（D）和图 3-28 的（A）~（D）的叶相同。
①这时正是果实的绿熟期，5 天后开始着色，收获开始（这和完全着色后再收获的樱桃番茄不同）。

用第 1 穗果的情况进行说明。首先，开花时把基部的 3 片叶摘除。但对 12 厘米钵苗，因为它的开花时期在刚定植后还没有缓苗时，要等到缓苗开花后 2 天进行摘叶。

以后，到收获开始时，在大约 20 天内分 2 次摘掉 3 片叶。如果第 9 片叶上面第 1 穗果坐住了，这时，以果穗下面留有 3 片叶的状态迎来收获开始。

对留有的 3 片叶，在第 1 穗果收获后 10 天分 2 次摘除（收获时摘 2 片，过 10 天再摘 1 片）。

之后，结合各穗果收获结束时间，在 10 天内分 2 次（2 片和 1 片）把收获果穗下面的叶摘除。大约隔 10 天进行 1 次。

另外，以这个间隔每次摘除 1~2 片叶，收获的果穗的下面有时有 3 片以上的叶，但是不用介意，按间隔时间一点儿一点儿地进行调整就行。

（5）不需要摘除嫩叶　番茄的果实和草莓等不同，虽然即使是接收不到光照时靠温度的积累也能着色，但是要想收获到鲜艳的红色果实，最好还是接收到光照。但是，大型番茄的果实要在完全着色之前收获，还因为是在光照多的时期栽培，所以让果实接收光照的必要性小。

为此，摘叶是从老叶开始依次摘下去，在收获中的果穗上面的（嫩）叶不能摘。樱桃番茄稍微有点儿不同，这在后面还要讲解。

◎ 樱桃番茄的摘叶

（1）樱桃番茄摘叶的必要性　樱桃番茄果实的膨大停止的时间比大型番茄要早 5 天左右。另外，1 穗果的重量也轻，坐 30 个果的总重量也只有大型番茄 1 穗果的 40% 左右。因此，樱桃番茄的茎伸展快，能收获的果穗数多，放蔓等引缚作业的次数也多。

大型番茄在完全着色之前就可收获，但是樱桃番茄要在完全着色之后再收获。因为番茄的着色是靠温度的积累产生的，并不一定非要受到光照，但是因为受到光照后着色更加鲜艳，所以重视果色的樱桃番茄一定要接收光照。

要从果实膨大早（平均 1 穗果所需要的叶面积小）、果实需要接收光照、引缚作业次数多等各种特性考虑樱桃番茄需要摘叶及其相关技术。

（2）樱桃番茄摘叶的原则

① 比起大型番茄，果实膨大和成熟所需的叶面积小。为此，不是针对每一穗果，而是针对整株计算保留的叶片数。摘叶后，平均每株留下 15~18 片叶。留下这些叶片数后放蔓也更容易。

② 1 次摘除 1~3 片叶。

③ 有时也可摘除半片叶。

（3）摘叶的顺序 以第 1 穗果进行说明，假定在第 9 片叶上面着生第 1 穗果。

首先，在开花至开花后 5 天把基部的 3 片叶摘除。以后，到绿熟期时把 5 片叶以 10~15 天的间隔分 2 次摘除。这时果穗的下面有 1 片叶。5 天后果实 5~6 分着色，这时摘除 2 片叶（果穗上下各 1 片），见图 3-29、表 3-2。

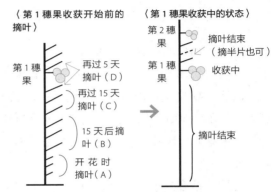

图 3-29 樱桃番茄的摘叶（第 1 穗果收获完成前）
（A）～（D）和表 3-2 中的（A）～（D）的叶相同
为了更容易看明白，番茄的叶都在右侧展示

表 3-2 樱桃番茄的摘叶（从开花到收获开始后 35 天）

苗的种类	基部 3 片（A）	下次摘 3 片（B）	下次摘 2 片（C）	下次摘 2 片（D）[1]
穴盘苗	开花时（定植后 15 天）	→15 天后	→15 天后[2]	→5 天后[3]
9 厘米钵苗	开花时（定植后 5 天）	→15 天后	→15 天后	→5 天后
12 厘米钵苗	开花后 5 天（定植后 5 天）	→10 天后	→15 天后	→5 天后

注：1. 假设在第 9 叶上着生第 1 穗果。樱桃番茄开花比大型番茄早 5 天，从开花到收获也早 5 天。另外，12 厘米钵苗的定植日和开花日相同。

　　2.（A）～（D）和图 3-29 中的（A）～（D）的叶相同。

[1] 第 1 穗果上面第 2 片叶也包含在内。

[2] 果实的绿熟期。

[3] 果实 5~6 分着色期，5 天后完全着色进入收获期。

以后，平均每株留 15~18 片叶，把其余的叶摘除。但是，即使是不一片一片地数着留，在各穗果 5~6 分着色时摘除下面的叶，摘到第 1 穗果的下面留下 1 片叶就结束，或是连第 1 穗果上面的 1 片叶也摘除后结束，留下的叶片数大体上就是所需要的叶片数。

（4）把遮挡光照的叶摘除 在绿熟期前后，在果穗上方有遮挡光照的叶（多数的不是果穗上面的第 1 片叶，而是第 2 片叶），要把这片叶摘除，但是，如果摘除后整个植株所需要的叶片数不足，或是 1 次摘叶数过多时，可只摘除半片叶（摘除从叶的中间到尖端部），见图 3-30。

摘除半片叶（不是果穗上面的第 1 片叶，而是果穗正上方的第 2 片叶）

果穗

但是，因为摘叶时并没有从下面向上摘的规定，如果在绿熟期果穗的上面有遮挡光照的叶，比起下面的叶来还是先摘掉上面这片叶。这样就可避免上述的问题。

图 3-30　对樱桃番茄摘除半片叶

（5）植株长势过于旺盛时的摘叶　植株长势过于旺盛，茎就会出现纵裂的"眼镜"征兆，这时就不拘于摘叶的原则，1 次可摘除 4~5 片叶，成为在绿熟期果穗下面 1 片叶也不留的状态以稳定植株长势。待植株长势稳定之后再采用原先的摘叶方法。

3　施肥

◎　番茄的养分吸收和施肥的考量

（1）养分的吸收量和施肥量　要想收获一定的产量，就必须要吸收一定量的养分，特别是氮肥。产量和养分吸收是密不可分的，如果养分的吸收量不足，所定的目标产量也不可能达到。因此，必须投入这种作物的标准施肥量。

当然，施肥量是减去前茬作物肥料剩余量之后的量。另外，使用养分含量多的堆肥时，也要把多出来的部分加到施肥量中。

平均 1 吨番茄产量需吸收 2.5 千克的氮。氮以外的养分吸收量为：假设把氮的吸收量设定为 100，需五氧化二磷 25、氧化钾 160、氧化钙 100、氧化镁 20。

但是，也并不是按照这个比例进行施肥。由于养分不同，利用率也不同，即使氧化钾没有吸收到这样的程度，产量也不会改变。表 3-3、表 3-4 展示了标准施肥量。

另外，施用复合肥时，追肥的量以氮来确定，如果要同时施用再看别的养分的变化。

表3-3　简易大棚栽培的标准施肥量（和露地栽培相同）　　（单位：千克/100米²）

	①温暖地、暖地的栽培（定植后栽培5个月，目标产量：大型番茄1.4吨/100米²、樱桃番茄0.9吨/100米²）			②寒冷地、寒地、高冷地的栽培（定植后栽培6~7个月，目标产量：大型番茄1.9~2.2吨/100米²、樱桃番茄1.1吨/100米²）		
	基肥	追肥	合计	基肥	追肥	合计
堆肥	200	—	200	200	—	200
镁石灰	15	—	15	15	—	15
氮	1.5（1.2）	1.5（1.2）	3.0（2.4）	1.5（1.2）	2.0（1.8）	3.5（3.0）
五氧化二磷	2.5	0	2.5	2.5	0	2.5
氧化钾	1.0	1.0	2.0	1.0	1.3	2.3

注：（　）内是樱桃番茄的施肥量。

表3-4　大棚长期栽培的施肥量　　（单位：千克/100米²）

	①大型番茄的大棚长期栽培（定植后栽培约8个月，目标产量为2.4吨/100米²）			②樱桃番茄的大棚长期栽培（定植后栽培约8个月，目标产量为1.3吨/100米²）		
	基肥	追肥	合计	基肥	追肥	合计
堆肥	200	—	200	200	—	200
镁石灰	18	—	18	15	—	15
氮	1.5	2.2	3.7	1.2	2.0	3.2
五氧化二磷	2.5	0	2.5	2.5	0	2.5
氧化钾	1.0	1.5	2.5	1.0	1.3	2.3

（2）**基肥和追肥的考量**　作为番茄的基肥，平均100米²施约1.5千克的氮后开始栽培。这个大概就是100克的土壤中含15毫克的氮[⊖]。这个土壤氮浓度就是番茄栽培的最适浓度。随着栽培的进行，番茄不断吸收氮，氮浓度就降低，为了维持原先的浓度就要进行追肥（表3-5）。

表3-5　基肥和追肥的考量方法

	基肥	追肥
施肥量	不管栽培期间的长短都相同	随栽培时间的长短而变化（栽培期越长施肥量越多）
考量方法	土壤中的肥料浓度为既不能使植株徒长，也不能使植株太小的水平	维持由基肥达成的土壤中的肥料浓度

⊖ 按有效土层深10厘米，比重为1，100米²的土量为10吨来计算。

◎ 施肥方法

（1）1 次追肥量和追肥次数　栽培期相同的情况下，1 次追肥量多，间隔长，追肥的次数就少；相反，1 次追肥量少，间隔缩短，追肥的次数就多。

1 次施用氮的最大量为 0.25 千克 /100 米 ^{2}，所以施用时不超过这个量就行。只要 1 次追肥量定了，使用次数也就定了。

在需要追肥的时期，因为等间隔施肥好，追肥次数如果定了，追肥间隔也就定了。

（2）合适的施肥位置　基肥最好全面全层施用。因为番茄的根在土壤中分布广泛，所以要在田地内全面施用基肥。

当然，走道下也有根分布。因此，即使是垄面上不追肥，在走道内追肥也很有效。但是，因为施液肥时要使用滴灌管，还是建议在垄面上施用。

施用粒状肥料时可施到走道内，液肥还是施到垄面上为宜。当然，也可以在同一天同时施入 2 种肥料，但是施肥量合计在 0.25 千克以内。

（3）进行追肥的时期　随着植株的生长发育，吸收肥料也多起来，如果不管，土壤中的肥料就变得不足的时期就是需要追肥的时期。总之，茎叶还在小的时期是不需要追肥的。另外，土壤中的肥料即使是变少了，也不用为难，在栽培末尾也不需要追肥。

因此，需要追肥的时间，在第 2 章中已经讲了，根据"过渡期管理"，是从培养树势结束到收获结束前约 1 个月。

◎ 钙肥的叶面喷洒（防脐腐果的对策）

（1）即使喷了钙，也出现脐腐果　脐腐果是因为缺钙而引起的，症状在果实的尖端部分表现出来。

钙在番茄植株体内的移动缓慢。因此，土壤中即使有充足的钙也会出现脐腐果，果实中即使含有钙也会出现脐腐果。

总之，果实尖端快速地膨大，向此处移动的钙供不上时就会发生脐腐病。

（2）最确实有效的对策是喷洒氯化钙　因为钙是随着蒸腾水分的流动在体内移动，所以浇足水也是对策之一。但是，这个方法也有使果实快速膨大的作用，有时会出现反效果。为此，土壤环境方面的对策是很难成功的。

最确实有效的对策是向果实上直接喷洒钙肥，如喷洒 0.5% 氯化钙溶液。因为氯化钙易潮解（可吸收空气中的水分而溶解），所以附着到果实上后不会干，易浸入果实内。

（3）有 3 层果穗时一起喷洒　像图 3-31 这样可 3 层果穗一起喷洒。最上面果穗的果实虽然还很小，但也很有效。

最理想的喷洒部位是只喷洒果实的尖端。因为果实的尖端向下，所以把喷头向上，从下层果穗向上层果穗喷洒。

如果4层果穗一起喷洒，最下面果穗已开始出现症状，就来不及了。

另外，喷洒后，当有溶液剩余时也不要再喷洒了，防止出现药害。

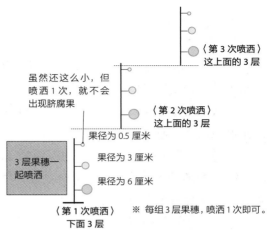

图 3-31　防止脐腐果（缺钙）的方法，喷洒 0.5% 氯化钙液

4　收获作业

◎ 收获的判断

（1）**大型番茄**　需要几天时间将果实销售到远处去的专业农户，根据季节不同收获时着色的程度也不同。基本原则是低温期时在红色强的状态，高温期时在绿色强的状态收获。

直销和自家消费时，尽量在着色后再收获。但是，如果熟过了，就会出现裂果，有的还会在收获后软化。为此，收获的目标是完全着色的 80% 左右。这样的果实，从外观上、味道上也可以为完熟。

（2）**樱桃番茄**　专业农户和直销的农户都一样，都是在完全着色以后收获。

◎ 收获作业和病害的传染

果实收获时不用担心病害的传染。果实和果梗之间有离层，这里就是极易折断的地方。

如图 3-32 这样，用手指的尖端按住果梗，把果实从果梗处摘下来收获。这时手指接触到的部分很少。另外，因为有离层，植株也不会受到损伤。这一点和易伤到组织深

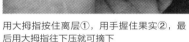

从离层处
摘的番茄

用剪刀剪短果梗
装入塑料筐等，
樱桃番茄的果梗
留着就行

用大拇指按住离层①，用手握住果实②，最
后用大拇指往下压就可摘下

图 3-32　大型番茄的收获方法

处的茎叶摘除不同。另外，离层和果实幼嫩或成熟没有关系，按着离层就很容易摘下
果实。

　　当然，只从接触面来看，因为收获时握着果实，在各种作业中接触面是最大的。但
是，因为果实摘下来后要拿走，所以握着的部分不会留在植株上。

　　另外，是在果实从植株上摘下以后，再用剪刀剪果梗，所以用剪刀剪果梗不会把病
传到植株上。

　　对樱桃番茄，没有必要剪去果梗。因为它的果实很轻，即使是放入容器内果梗也不
会损伤果实，并且捏着果梗更方便食用。

◎　收获果实后的处理

　　早上收获后放在低温或凉爽的场所贮藏，不要使果实升温。之所以在早上收获，是
为了不浪费前一天蓄积在果实中的糖等好吃的成分。

　　不使果实升温，就可防止果实内的糖因呼吸作用而被消耗掉，还能抑制产生乙烯，
防止果实品质劣化的加快。

5 病虫害防治

为了防治病虫害，应该积极地应用有抗性的品种。但是，番茄中还没有对病虫害有抗性的品种，所以必须要进行防治。

对病虫害的防治虽然有各种各样的方法，但无论怎么说使用药剂还占主流。关于药剂，在本书中没有专门讲解，因为有很多实用的书可供大家参考。

在本书中，著者秉持尽量少使用药剂这一原则来阐述，希望大家熟知并理解。

◎ 病害

（1）**土传病害（青枯病、褐色根腐病、萎蔫病、根腐萎蔫病）** 对于土传病害，可用嫁接方法和将在第4章讲述的土壤处理（消毒）的2种方法防治。总之，在定植时就要实施完防治对策。

另外，褐色根腐病用嫁接方法防治的效果很差，好在无论用哪种土壤处理方法，对褐色根腐病都是很有效的。

（2）**叶霉病、煤污病** 叶霉病（图3-33），时常发病严重，会带来大的危害。虽然哪种药都对其有效，但是没有特效药。但是，若使叶组织变硬就能抑制其发病。从这一点来看，叶霉病并不那么难治。

使叶适当变硬的方法有以下2种。

①经常喷洒铜制剂可使叶适当变硬。虽然说是一种药害，但可以说是有益的药害。

②不要过多地使用肥料。为了维持组织坚硬，要适当合理地施肥。肥料过量会使叶变柔软。

抗叶霉病的品种也并不是完全不发病，根据条件不同也会出现症状。但是，因为在病害出现之前发病就终止了，不用急着立即进行防治。

不过，需要认真地区分开出现症状的霉是叶霉病的霉菌呢，还是煤污病的霉菌。从霉菌的颜色来区分，叶霉病的霉菌是茶色的，煤污病的霉菌是黑色的。

利用对叶霉病有抗性的品种时的问题是，以

图3-33 叶霉病（黑木 供图）

前在防治叶霉病的同时也防治了煤污病，而用叶霉病抗性品种后，忽视了对煤污病的防治，致使煤污病造成大的危害。

所以，要严格地区分是叶霉病还是煤污病，如果是煤污病，就要在早期防治。早防治效果好，还能节省农药。

（3）**疫病**　在有彻底防除疫病（图 3-34）的意识之前，有在不发病的时期就不用防治的意识是很重要的。疫病在空气干燥的时期是不发生的。例如，在晴天多的日本太平洋沿岸的冬天就没有防治的必要。

图 3-34　疫病（矶岛　供图）

发病只限于在湿度大的时期，包括：①加温栽培的春天，②梅雨季，③秋雨期，④荼梅雨季。

②～④是季节性的，没有必要再说明了。时期①易发生疫病的理由如下。

加温栽培时，在低温期用加温机操作，棚内的湿度不会过大，但是春天不使用加温机的夜间逐渐变多。在不加温的夜间，因为叶面呈湿润的状态，正是适合疫病发生的环境。

对策是经常在夜间将棚内的塑料薄膜敞开，使温度下降，使用加温机即可。

（4）**不要拔除传染性病害株，只把地上部剪掉并带出田外**　对青枯病或黄化曲叶病毒病等传染性强的病害，如果发现有感染植株就清除并带出田外，防止传染到健康的植株上。

但不用拔除植株，而是用刀子等贴着地皮把植株基部切断，推荐只把地上部带出田外。理由是即使是拔除也有很多根留在地里，留下的健康植株的根也会受伤（图 3-35）。

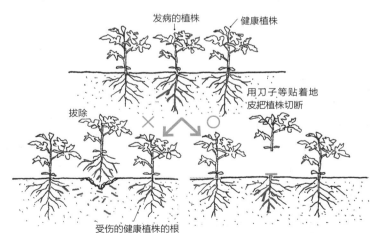

图 3-35　对传染性强的病害株的清除方法

对于青枯病等可以通过土壤传播的病害，人们往往认为切断地上部也没有多大意义，但是，切断了地上部就完全地断绝了向根内的养分流转，从而阻止了病原菌增多。

◎ 与病害相关的害虫

（1）烟粉虱——传播番茄黄化曲叶病毒

1）无抗性品种清淡系列的也出现了 TYLCV。黄化曲叶病毒（TYLCV）只由烟粉虱作为媒介进行传播，对本虫的防治也就成为防病的对策。

TYLCV 以色列系是主流，但最近又出现了不同的温和系。温和系出现后的麻烦是抵抗本病的品种只对以色列系有效。对于这种担心，只要防治住烟粉虱就没有问题了。

2）烟粉虱的防治方法。

①在定植之前或定植时施用颗粒剂。施上颗粒剂之后开始栽培，也是防治的大前提。

②防除杂草。虽然以番茄间的传染为主，但是也有以杂草为媒介的传染。带毒的杂草种类有：苦苣菜、铁苋菜、牛繁缕等。为此，使田边不生杂草是很重要的。这个问题容易被忽视，理由是尽管杂草被感染了，但是不像番茄这样有的形成曲叶、有的变为黄色，从外观上看还是健康的。

一旦杂草长大了就晚了，趁草还小时就割除，可用除草剂或巧妙地使用防杂草的塑料薄膜等，使田边不生杂草。

③阻止烟粉虱侵入棚内。在换气的地方铺设防虫网。第 1 章（图 1-9）中介绍的长条状的网眼大小是烟粉虱能通过的，但是它的反光带可阻止烟粉虱的侵入。

（2）烟粉虱、温室白粉虱——传播番茄花叶病毒

番茄花叶病毒（ToCV）是近年来发生并被确认的病害，逐渐地在日本全国范围内传播蔓延。烟粉虱和温室白粉虱（图 3-36）是传播本病毒的媒介。防治对策和黄化曲叶病毒病相同。

虽然带毒杂草的种类还不太清楚，但是因为杂草本身就是粉虱类的生存场所，所以防除田地周边杂草的重要性和黄化曲叶病毒病是同等的。

图 3-36　温室白粉虱的成虫（黑木　供图）

◎ 其他害虫

（1）甘蓝夜蛾

因为为害的是幼虫，所以有些人就误认为防治对象也是幼虫，其实更重要的是使成虫不产卵。为此，在药剂喷洒时也要具有驱除成虫的意识。幼虫长大了药就不起效了，但是消灭成虫就不需要担心了。

在大棚的放风处铺设上防虫网，阻止成虫的侵入，是最有效的防治方法。

（2）潜叶蝇

1）要注意不用效果差的药剂。有些药剂不起效，但是其种类因地域不同而不同。所以就必须严格地挑选有效的药剂使用。同样重要的是通过药剂喷洒后有没有虫子判断药剂是否真正有效。

药剂防治在幼虫期是最有效的。但是，潜叶蝇的幼虫期很短。例如，从卵到成虫大约 20 天（气温为 25℃时），幼虫期只有 4 天左右。

这期间它们大量取食，幼虫期结束后，就很快地落到地上变成蛹。因此，发现危害并要想防治时，叶上已经没有虫子了。不久，蛹变成成虫，又造成大暴发。

要意识到早期防治的重要性，喷洒药剂时，使用的药剂是否真正的有效，这时才是第 1 次判断的机会。

2）定植后的观察和定植时施用颗粒剂是很重要的。在田地里定植后要认真观察叶片，若发现产卵痕迹，就立即喷洒药剂，在栽培初期，预先选择好有效的药剂是很重要的。

但是，在临定植前或定植时施用颗粒剂，无论哪一种药剂都很有效。和防治粉虱一样，使用颗粒剂后再开始栽培是防治的大前提。在施用颗粒剂之后，再在大棚的换气处铺设防虫网，防止成虫侵入棚内。

（3）根结线虫　虽然所有的砧木都具有根结线虫抗性遗传因子，但这一遗传因子来自同一野生种。因此，哪种砧木的抗性遗传因子都是相同的，一旦抗性被打破，使用哪种砧木都会受害。

为此，不要过分地相信砧木，先要考虑的就是能杀死根结线虫的防治方法。总之，要做好第 4 章中介绍的严格的土壤处理。

6　不同番茄种类和种植模式的栽培要点

◎ 露地栽培（大型番茄、樱桃番茄的共同点）

（1）露地栽培的特征和相应的要点　露地栽培（图 3-37），是定植后的番茄的整个生长发育过程在自然温度下就可以正常进行的栽培。因为是在自然光强的条件下进行培

2月			3月			4月			5月			6月			7月			8月		
上	中	下	上	中	下	上	中	下	上	中	下	上	中	下	上	中	下	上	中	下

播种　　　嫁接　　（用 12 厘米钵育苗）　　定植、开始开花　　收获开始

• 定植准备

• 激素处理
• 引缚

• 追肥
• 喷洒药剂

● 购苗时应购买嫁接后 20 天的穴盘苗，在 12 厘米钵中进行 15~20 天的二次育苗后再定植。9 厘米钵因为只能育苗 10 天，由于地域不同，有些地区仍然寒冷，就暂时不能定植
● 土传病虫害防治对策请参照本书第 4 章

图 3-37　露地栽培的栽培月历（大型番茄、樱桃番茄通用，日本全国通用）

育的，果实充满着番茄的自然风味，非常好吃。另外，维生素类的含量也比大棚内培育的多。

因为受自然降雨影响，还受夏天强日光照射，没有阻挡害虫的物理性屏障等环境的影响，露地栽培有以下几个特征和相应的对策。

①栽培期间。因为担心有霜冻，所以不到 5 月不能定植。而且，因为是在夏天强日照条件下的栽培，植株的消耗快，只能在 8 月中旬前收获好的果实。为此，要覆盖苗并尽量地促进其生长发育，一定不能使收获开始的时期晚了。另外，苗不管是购买的还是自己培育的，用 12 厘米钵进行二次育苗，到开花期时再定植。

②由于降雨，肥料易流失，为了防止肥料的流失，需要铺上地膜等避免水直接渗入垄中。

③易遭受病虫害。不像设施栽培那样有物理性的屏障，特别易受害虫危害。为此，需要有计划性地喷洒药剂，但前提是必须使用害虫讨厌的银色地膜。

④栽培中期以后地温过高。作为防止地温过高的对策，使用银色地膜也很有效。

⑤由于降雨或者高温易出现坐果不稳定现象，因此要进行激素处理，确保达到目标坐果数。

（2）**选择不易裂果的品种**　番茄的果实连续受强光照射后皮会变硬，容易出现裂果。因为易受强光照射的部位是果实的肩部，所以肩部处易裂开。

有不易裂果的品种，露地栽培要首先从选用不易裂果的品种开始。在此基础上，还是对害虫传染的病害（如黄化曲叶病毒病等）有抗性的品种那就更好了。

（3）**覆膜栽培是必需的**　栽培的适温只在刚定植之后才有，大部分是在很热的时期栽培。为此，必须要铺设反射强光的地膜，以防止地温上升。

因为有很多反射强光的地膜对害虫有忌避作用，可利用这样的材料。

因为露地栽培时容易由于降雨造成肥料流失，为防止这个问题也必须铺设地膜等。

（4）**露地栽培的树势培育**　虽然不像大棚栽培那样有细致的过渡期管理，"露地栽培的特征和相应的要点"中的管理可看作广义的过渡期管理，可以防止植株的徒长，自动地长成合适的植株状态。

总之，因为定植的是 12 厘米钵苗，所以植株在很短的时间内就开始承受坐果的负担。激素处理确实有用。另外，因为铺设了地膜，所以不会发生由于降雨造成的水分过多的现象。

（5）**杀虫剂、颗粒剂施用和病害的防治**　在临定植前或定植时使用杀虫剂的颗粒剂，将近 20 天都不生害虫。

这样做是非常方便的，但一定在施药后再开始栽培。

另外，如果患病，即使在植株还小时侵染上以后也会留下损伤，所以这个时期的药剂喷洒是不可缺少的。最好在定植之前喷洒，苗集中在一起时更为方便。

◎ 大规模长期设施栽培（大型番茄、樱桃番茄的共同点）

（1）**产量调节对樱桃番茄更为重要**　大型番茄，在 1 穗果穗上着花最多也就是 7~8 朵，即使是一不留神坐果比目标坐果数多，最多也就是多 1~2 个。而且，先开始膨大的果实的长势很强，所以不会因为坐果多而导致果实很小。

与大型番茄相反，樱桃番茄因为花数多，如果不严格限制坐果，就会超过适当的果数。而且单果重受坐果数量的影响，坐果数太多，所有的果实就都会变小。

另外，比起大型番茄，樱桃番茄的植株长势稳定的品种多，为了长期栽培顺利，在应该减少坐果数的时期就严格地进行摘花（果），稳定植株的长势。正因为这个理由，樱桃番茄的摘花（果）是很重要的作业（图 3-38、图 3-39）。

（2）**樱桃番茄摘花（果）的目标**　想给樱桃番茄摘果，正确地做法是摘花（图 3-40），如果等到成为果实之后再摘，那就太迟了。

每个果穗的摘花（果）目标如下。

①第 1~3 穗果留 20 个果，把其余的摘除。

②第 4~5 穗果，因为正在开花期而且正值植株长势衰弱的时期，所以限制在 10 个果左右。第 4~5 穗果的开花在 11 月上旬前后，收获在 60 天后的第 2 年 1 月，而 1 月樱桃番茄的价格低。总之，限制第 4~5 穗果的坐果数，有维持植株长势和减少收获的劳动力这两层用意。

8月			9月			10月			11月			12月			1月			2月			3月			4月			5月			6月		
上	中	下	上	中	下	上	中	下	上	中	下	上	中	下	上	中	下	上	中	下	上	中	下	上	中	下	上	中	下	上	中	下

播种　嫁接　　定植　　　开始开花　　　开始收获　　　（引缚、摘叶、追肥、喷洒药剂、浇水管理）

● 对第1、第2穗果进行激素处理，第3穗果及以后用熊蜂授粉
● 土传病虫害对策参照本书第4章

图3-38　樱桃番茄长期设施栽培的栽培月历（温暖地、暖地的穴盘苗定植的案例）

8月			9月			10月			11月			12月			1月			2月			3月			4月			5月		
上	中	下	上	中	下	上	中	下	上	中	下	上	中	下	上	中	下	上	中	下	上	中	下	上	中	下	上	中	下

播种　嫁接　　定植　　　开始开花　　　开始收获　　　（引缚、摘叶、追肥、喷洒药剂、温度管理、浇水管理）

● 对第1、第2穗果进行激素处理，第3穗果及以后用熊蜂授粉
● 土传病虫害对策参照本书第4章

图3-39　大型番茄长期设施栽培的栽培月历（暖地、温暖地的穴盘苗定植的案例）

③其余的果穗留下25~30个果。

（3）裂果和浇水——裂果的原因是土壤干旱　樱桃番茄果实的坏果中裂果占大部分。裂果的发生虽然也受空气湿度和收获间隔等的影响，但是无论怎么说也是土壤水分的影响最大。

裂果，是由于水分进入果实内，瓤体积增大过快，果皮生长速度跟不上而引起的。其机理是由于土壤干旱造成植株过度地吸水。

应该说蔬菜有喜欢水的特性。土壤中经常保持一定量水分，植株的吸水也保持恒定，果实的组织也相应地具有柔软性。但是，在果实膨大过程中如果遇到土壤干旱，就会变成缺乏柔软的组织。这样的果实如果再吸收较多水就会裂果（图3-41）。

图3-40　樱桃番茄的摘花（调节坐果）
因为对樱桃番茄摘果就太晚了，所以在开花期就进行摘花，可1次摘几朵花

（4）温度管理　把温度设定为白天的温度（分开上午和下午设定温度）和最低夜温进行管理。上午的目标温度为25~27℃，下午的目标温度为22~24℃。

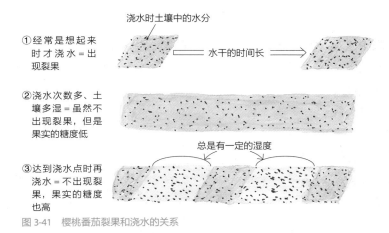

①经常是想起来
　时才浇水 = 出
　现裂果

浇水时土壤中的水分

水干的时间长

②浇水次数多、土
　壤多湿 = 虽然不
　出现裂果，但是
　果实的糖度低

总是有一定的湿度

③达到浇水点时再
　浇水 = 不出现裂
　果，果实的糖度
　也高

图 3-41　樱桃番茄裂果和浇水的关系

最低夜温设定为 10℃，但是在 1~2 月的严寒期最低夜温为 12℃，在提高花粉能育性的同时，也可防止熊蜂活动减弱。对于花粉多的樱桃番茄，决不能让熊蜂的活动减弱。

但是，在有的季节管理温度只能随着当时实际情况变化。对于白天的温度，在夏天炎热时即使是进行换气温度也比目标温度高，在寒冷的季节即使是密闭也达不到目标温度。

对于最低夜温，在加温机不工作的炎热季节，可随着当时的实际情况变化；但是在加温机可以工作的季节，即使是严寒期，也必须要确保达到目标温度。

（5）地膜覆盖　覆盖的地膜有保温用和隔热用 2 种，但是在促成栽培中使用的覆盖用地膜是保温用的。为此，如果从定植时就铺上地膜会造成地温过度升高，在 11 月中旬铺比较合适。

专栏

原产地记忆让番茄成为需精心栽培的蔬菜

在作物的栽培中，据说接近原产地的环境与增收和品质提高有关。但是，这种见解并不适用于所有作物。以水稻为例，收获量位居世界前列、品质优良的日本东北地区，和原产地的环境显著不同。

不仅限于水稻，因为栽培品种是在当地淘汰的压力下产生的，所以原产地的环境在栽培方面也许不那么重要。概括来说，作物的品种改良就是使作物失去了原产地记忆的行为。

但番茄是怎样呢？从结论上来说，番茄是很大程度上保留了原产地记忆的蔬菜（图3-42）。

番茄的原产地是接近赤道的热带高冷地（南美的安第斯山区，海拔2000~3000米）。接近赤道的热带环境还比较容易理解，但热带高冷地的环境就很难想象了。不过，实际栽培番茄试一下，就能深深感受到原产地的环境。

番茄，对于低温的耐受性来说，比温带原产的作物要弱。正因为如此，可认定它是热带原产的。另外，番茄在果菜类当中最喜欢强日照，体现了它原产于赤道附近。番茄对于高温的适应性不怎么强，还体现出它原产于高冷地。

正因为原产地记忆，所以对其他环境反应很强烈。如果培育方法不当，就会形成极端的小植株；相反则会徒长，形成极端的大植株。番茄的培育，是需要防止走向两个极端的细致工作。

在本书第2章的"过渡期管理"部分，读者能感受到番茄栽培的这种细致性。

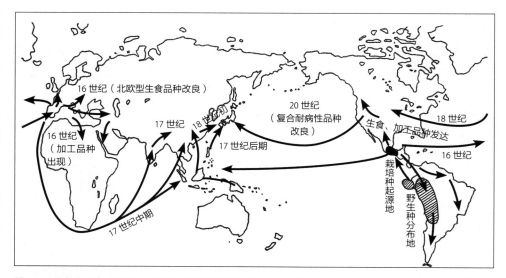

图3-42 番茄的野生种分布地、栽培种起源地和传播（森，2003年）
番茄的栽培种在16世纪传到欧洲，17世纪传到了亚洲。18世纪初期传到了日本，但真正普及是在1950年之后

第 4 章

田地的准备和
定植

1 土壤处理和消毒的要点

◎ 以防治青枯病为目标而考虑的对策

（1）最难治的是青枯病

1）一旦发病就会连续发生几年。土传病害中最难防治的是青枯病。青枯病一旦发生，土壤中就留有病原菌，能连续发生几年。青枯病发生的最大原因是栽植了自根苗。

要想使青枯病不发生的最基本原则是定植用抗性砧木嫁接的苗，不过，即使是定植了嫁接苗，已经发生过青枯病的地块，因为病原菌的密度高，也会再次发病。

2）即使是嫁接苗也会发病。为了在同一个大棚内连续种植番茄，青枯病一次也不能发生。

初次栽培番茄时，如果地块内没有栽培过茄科蔬菜，引起青枯病的病原菌密度就很低。在这个地块定植嫁接苗，就不会发生青枯病。但是，如果定植自根苗，发生青枯病的可能性就很大，如果这样，即使下茬再栽培嫁接苗，也会发病。因此土壤栽培番茄时，用自根苗不是好的选择。

3）连作时必须进行土壤处理。因为大棚不能轻易地挪动，所以就必须连作。连作时即使是使用了嫁接苗，青枯病病原菌的密度也会逐渐地增加，嫁接苗恐怕也会发病。为此，要用药物等对土壤进行必要的处理（图4-1）。

土壤处理不只对青枯病是必要的，对其他的病害或线虫类也是必要的，如果做好了防治青枯病的处理，其他的病害或线虫也就有了对策。

（2）对土壤处理的2种考虑方法 一种是通过杀菌来防止青枯病病原菌增加的做法，即所谓的消毒。另一种方法是使土壤中的有益微生物增加，来创造青枯病病原菌难以生活的环境。

众所周知，有益微生物多的地块病害就少。但是要培养这样的地块，需要多年的土壤改良。而本书介绍的方法是投入能成为土壤中有益微生物饵料的材料，从第1年就发

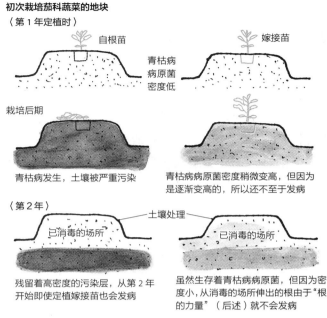

初次栽培茄科蔬菜的地块

〔第 1 年定植时〕

自根苗

嫁接苗

青枯病
病原菌
密度低

栽培后期

青枯病发生，土壤被严重污染

青枯病病原菌密度稍微变高，但因为
是逐渐变高的，所以还不至于发病

〔第 2 年〕

土壤处理

已消毒的场所

已消毒的场所

残留着高密度的污染层，从第 2 年
开始即使定植嫁接苗也会发病

虽然生存着青枯病病原菌，但因为密
度小，从消毒的场所伸出的根由于"根
的力量"（后述）就不会发病

图 4-1　为了防止青枯病而必须采用嫁接苗和进行土壤处理

挥效果的方法，也有专门销售这种材料的商店。

　　采取这种方法的结果是使土壤中的青枯病病原菌减少，但不是杀死了病原菌，而是通过使总的有益微生物繁殖，创造青枯病病原菌难以活动的环境。

专　栏

根伸展到了未处理的土壤中，为什么土壤处理还有效

• 土壤中的病原菌密度高也并不一定会发病

摘掉所有的花不结果实的番茄植株，即使是人为的接种了病原菌也不会发病，就连线虫的危害也很轻微。这就是因为有"根的力量"。

　　但是，因为栽培番茄的目的是为了收获到更多更好的果实，所以根就容易变得衰弱，还经常地受到病虫害的威胁。为此，必须采用土壤消毒或增加有益微生物的方法。

　　这些土壤处理措施容易被认为以对病原菌或线虫的压制为主要目的，但是增加"根的力量"才是主要的目的。

• 即使不限制根域也能防病

　　为了防治病害的土壤处理，如果限制根域栽培，就是把全部的根收纳在已处理的场所中。但是，一般的土壤栽培中，根在定植后只在短时间内处于已处理的场所中，不久就伸展到未处理的场所中。

　　不过，根即使是伸展到了未处理的场所也并不会立即发病，一般情况是在没有实际危害的后期才发病。包括番茄在内的一般蔬菜，即使没有进行根域限制栽培，也有以上的处理效果，这是为什么呢？

　　为解释这个现象，有一个很好的例子就是用药剂进行种子包衣。附着在种子上的药剂能消毒的范围很小，只能覆盖种子本身和种子发芽初期伸展的根和叶。根在短时间内伸展到了未消毒的场所，尽管这样，消毒的效果还是很高（图4-2）。

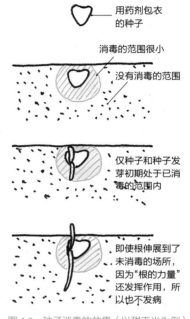

图 4-2　种子消毒的效果（以甜玉米为例）

（图中标注：用药剂包衣的种子；消毒的范围很小；没有消毒的范围；仅种子和种子发芽初期处于已消毒的范围内；即使根伸展到了未消毒的场所，因为"根的力量"还发挥作用，所以也不发病）

• 已处理的场所，也是增添"根的力量"的场所

　　这是因为刚发根的场所如果被土传病害污染了，就会立即发病，但是在无病原菌的场所发的根，以后即使是伸展到被污染的场所中，也不会立即发病。

　　总之，已处理的场所，不仅是根不发病的场所，而且是根在伸展到未处理的场所之前增添"根的力量"的场所。通过在此获得的"根的力量"，即使是伸展到未处理的地方也不会感染土传病害（图4-3）。

　　这就是虽然没有进行根域限制栽培，但是土壤处理还有效的理由。

• 直播需要的面积小，定植需要的面积大

作为增添"根的力量"的场所，所需要的面积由于栽培种类不同而有变化。

因为直播会立即增加"根的力量"，所以需要较小的面积即可。但是先培育苗再定植的蔬菜，因为在钵或穴盘中根的伸展受到抑制，增添"根的力量"需要一定的时间，为此需要较大的面积，土壤处理时尽量处理得深一点儿。

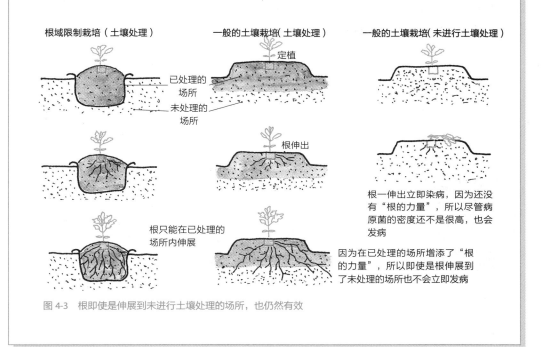

图 4-3　根即使是伸展到未进行土壤处理的场所，也仍然有效

◎ 防止再次污染

（1）如果引起再次污染，危害会更大　进行土壤处理（包括消毒）防止土传病害时，必须了解的是"再次污染"。所谓再次污染，就是指消毒过的土壤又由于某种原因而被病原菌污染。

对土壤进行土壤消毒，不仅病原菌会被杀死，对病害有抑制作用的有益菌也会被杀死，所以一旦被病原菌再次污染，危害会比未消毒的时候还严重。为此，已消毒的地块在栽培结束之前一定要保持清洁。

再次污染只是在消毒处理后会发生，而在微生物增殖材料处理后不会发生。另外，根域限制栽培的比一般土壤栽培的要严重，这是因为根域限制栽培对全部的土壤无遗漏地进行了消毒的缘故。

会造成再次污染的主要是病原菌，但是线虫也会造成再次污染。

（2）消毒处理也会有再次污染的可能

1）消毒处理后的土壤中病原菌和有益微生物都减少了。在未对土传病害进行处理的土壤中，不仅有病原菌，还有有益微生物。但是有益微生物处于弱势，并不能抑制病原菌的活动所以才会发病。对这样的土壤进行消毒处理，病原菌就会减少。有益微生物虽然也减少，但是因为病原菌的绝对数量减少了，所以不发病（图4-4）。

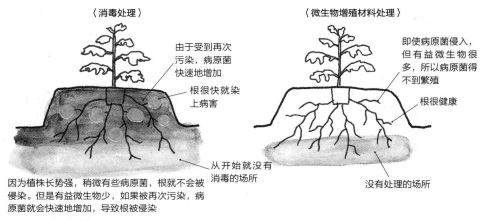

〈消毒处理〉

由于受到再次污染，病原菌快速地增加

根很快就染上病害

从开始就没有消毒的场所

因为植株长势强，稍微有些病原菌，根就不会被侵染。但是有益微生物少，如果被再次污染，病原菌就会快速地增加，导致根被侵染

〈微生物增殖材料处理〉

即使病原菌侵入，但有益微生物很多，所以病原菌得不到繁殖

根很健康

没有处理的场所

图4-4 采用消毒处理可能会再次污染

2）微生物增殖材料处理后的土壤中有益微生物显著增加。如果进行微生物增殖材料处理，包含病原菌在内的微生物都增加了。但是，通过寄生在活的植物组织中生活的病原菌，即使是给予微生物增殖材料，其增加的量也是有限的。与此相反，从外部的饵料切实得到营养的有益微生物的种类很多，这些有益微生物显著增加，就会抑制病原菌的活动，所以成了不易发病的环境。

3）侵入消毒处理后的土壤的病原菌可快速地增殖。对于这两种处理方法，只要是处理后没有被污染，在不发病的情况下就可顺利栽培。但是，如果由于泥水流入或其他原因使大棚内被污染了，消毒处理和用微生物增殖材料处理就有很大的差别了。

如果是消毒处理，即使病原菌和有益微生物同样地侵入，因为有益微生物的绝对数量暂时还处于少的状态，所以病原菌会快速地增殖而引起发病。

采用微生物增殖材料处理，虽然病原菌的数量也有增加，但是抑制病原菌的有益微生物的势力依然维持着，所以难以发病。

◎ 土壤处理方法和选择方式

（1）3 种方法　防治土传病虫害的主要土壤处理方法有 3 种（表 4-1）：通过地温上升将土传病虫害和杂草种子杀死的 "太阳热处理"，用有毒成分杀死土传病虫害和杂草种子的 "化学农药处理"，通过使土壤有益微生物增殖来创造使土传病虫害难以活动的环境的 "微生物增殖材料处理"。

表 4-1　3 种土传病虫害防治方法（土壤处理）和处理时间

处理方法	作用	处理时间
太阳热处理	使地温升高到 40℃ 以上进行土壤消毒	7~8 月：30 天
化学农药处理（氯化苦、棉隆等）	用农药成分进行土壤消毒	普通期至高温期：25 天；低温期：最短 30 天；晚秋时：从处理到第 2 年定植前，需 1~3 个月
微生物增殖材料处理	使土壤有益微生物增殖，创造不利于土传病虫害活动的环境	普通期至高温期：10~15 天；低温期（铺设地膜确保地温）：10~15 天

注：1. 微生物增殖材料中有 pH 很低的成分，其直接作用有的也可使线虫死亡。
　　2. 化学农药的处理时间是指使用棉隆的时间。

微生物增殖材料是微生物的饵料，可以从农资店购买，也可以自己制作。当然，它不是农药，而是作为特殊肥料或植物活力剂使用着。本书介绍的是使用造酒的蒸馏残渣作为主要原料的产品的使用方法。

关于化学农药处理，可以使用的农药种类很多，本书中讲解的是棉隆微粒剂的使用方法。

（2）每种方法都有优点和缺点

1）太阳热处理和化学农药处理。表 4-2 表示各种处理方法的效果。太阳热处理作业安全，并且对杂草种子有很好的杀灭效果。棉隆微粒剂处理和太阳热处理有不同的效果，虽然不受天气的影响，但必须要注意药剂使用的安全性。另外，必须要注意对番茄不要产生药害。

表 4-2　3 种土壤处理方法的效果比较

处理方法	土传病害（青枯病等）	线虫类	杂草种子	药害对策	确保对人的安全性	再次污染的可能性
太阳热处理	○	○	◎	不需要	不需要	有
棉隆微粒剂处理	○	○	◎	需要	需要	有
微生物增殖材料处理	○	○	△	不需要	不需要	无

注：◎为效果好，○为有效果，△为无效。全书同。

太阳热处理和棉隆微粒剂处理即所谓的消毒型处理。采用这两种处理方法，在处理后都会有再次污染的可能。

2）微生物增殖材料处理。微生物增殖材料处理作业安全，在能创造土传病害难以发病的环境的同时，还在防治线虫方面有和消毒型处理同等程度的效果[⊖]。就像前面所讲的，与消毒型处理不同，微生物增殖材料处理的最大优点是不用再担心再次污染的问题。

另外，用微生物增殖材料处理，因为土壤中微生物的菌丝大量生长，虽然有抑制杂草发芽的效果，但是效果比消毒型处理的差。为此，在垄上铺银色的地膜可防止杂草的发生。银色的地膜在抑制夏天地温上升方面也有很好的效果。

（3）选择其中的 1 种处理方法即可　上面列举了 3 种处理方法，从其中选 1 种方法实行即可，尽管可以选 2 种组合起来实行，但是也不要指望效果增大（表 4-3）。为了弥补微生物增殖材料处理除草效果差的问题，进行短期的太阳热处理是有效的（图 4-5）。

表 4-3　土壤处理的组合使用几乎没有意义

组合	可否
太阳热 + 棉隆微粒剂	因为效果相同，无意义
太阳热 + 微生物增殖材料	因为用太阳热处理时，随着病原菌的减少，有益微生物也减少，所以微生物增殖材料处理就无意义了。但是，短期的太阳热处理可弥补对除草效果差的微生物增殖材料处理的缺点
棉隆微粒剂 + 微生物增殖材料	因为用棉隆微粒剂处理时病原菌和有益微生物都减少，所以微生物增殖材料处理就无意义了

使用基肥、起垄	⇒	太阳热处理	⇒	微生物增殖材料处理	⇒	定植
番茄栽培结束后，立即进行处理（如果耽误时间就到了凉爽的季节）		处理 15 天（处理期内有 10 天晴天就行）		定植（播种）前 10~15 天进行		

图 4-5　短期的太阳热处理和微生物增殖材料处理的组合
微生物增殖材料对杂草防除效果差，可用太阳热处理来弥补

⊖ 这个结论是使用烧酒蒸馏残渣作为微生物增殖材料的结果，由日本宫崎县综合农业试验场在园艺学会上发表。

◎ 处理时期因地域不同而有差异

（1）不同地域能处理的季节和方法也不同　3 种处理方法有各自能实施的季节和所需要的天数（表 4-1）。

防治土传病虫害的处理，在大棚的休闲期进行。栽培番茄的休闲期因地域不同而有差异，温暖地、暖地为从盛夏期到第 2 年的严寒期，寒冷地、寒地、高冷地为从晚秋到早春。

寒冷地、寒地、高冷地的休闲期，无论是从季节方面还是时间方面都不能栽培蔬菜。但是，温暖地、暖地的休闲期可栽培叶菜类、根菜类，南瓜和黄瓜的栽培是可能的。为了土地的有效利用，希望大家尽量栽培些蔬菜（图 4-6）。

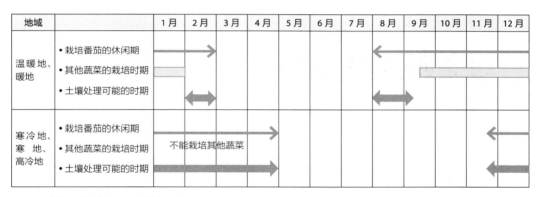

图 4-6　栽培番茄的休闲期和土壤处理时期

为此，在温暖地、暖地，寒冷地、寒地、高冷地，能采用的土壤处理方法和时期会有所不同（表 4-4）。

表 4-4　处理方法和不同地域处理的可能时期

地域	太阳热处理	棉隆微粒剂处理	微生物增殖材料处理
温暖地、暖地	8 月上旬 ~9 月上旬	没有能处理的时期 （在栽培番茄的休闲期栽培其他蔬菜）	8 月 ~9 月上旬、第 2 年 2 月
寒冷地、寒地、高冷地	没有能处理的时期	11 月下旬 ~ 第 2 年 4 月下旬	3~4 月

（2）温暖地、暖地的处理时期和方法　在温暖地、暖地，休闲期可以再栽培其他的蔬菜。如果把栽培时期设定为 9 月中旬 ~ 第 2 年 1 月末，进行土壤处理的有 8 月上

旬~9月上旬和2月这两次机会（图4-6）。

如果是在8月上旬~9月上旬处理，这个时期能期待充分利用地域性的高温进行太阳热处理。当然，在这个时期进行微生物增殖材料处理也是可能的。2月只能用微生物增殖材料处理。

但是，在温暖地、暖地没有实施棉隆微粒剂处理的机会。

（3）寒冷地、寒地、高冷地的处理时期和方法　在寒冷地、寒地、高冷地，休闲期栽培其他蔬菜是很困难的，番茄栽培结束的11月下旬到定植前的第2年4月下旬是处理的机会（图4-6），在这期间都能用棉隆微粒剂处理。3~4月是微生物增殖材料处理的适期。

但是，在寒冷地、寒地、高冷地没有实施太阳热处理的机会。

2 土壤处理的实际情况

◎ 太阳热处理的方法

（1）处理时期　通常在7~9月进行处理。本书中介绍的在温暖地、暖地栽培的情况下，初次栽培茬口，8月~9月上旬是处理的时间。

（2）处理顺序　太阳热处理是1965年开发出来的技术。长期以来，按图4-7①的顺序进行，但效果不稳定。著者在宫崎县综合农业试验场工作时，对不稳定的原因和解决的对策进行了研究。其结论是不稳定的原因是大棚内周边热处理不彻底的土壤混到定植位置附近，然后开发出了图4-7②的顺序，并于1998年前后发表（图4-8）。

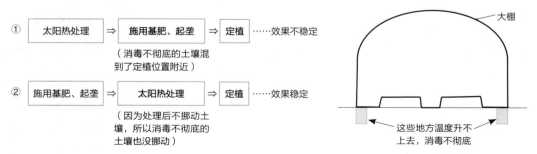

图4-7　太阳热处理的两种方法及其效果

图4-8　太阳热处理会出现消毒不彻底的地方

以下，按图 4-9 的顺序进行说明。

1）对土壤浇水使其湿润。因为土传病虫害耐湿热能力弱，所以在处理前先浇水使大棚内的土壤湿润，平均每 100 米² 浇水 3 吨左右。如果使用前茬栽培番茄时使用的滴灌管利用这些全棚设置的滴灌管浇水是很方便的。

如果要收拾处理前茬，滴灌管要放在最后，浇水后再收拾起来。如果没有设置滴灌管的场所，可用塑料软管浇水。

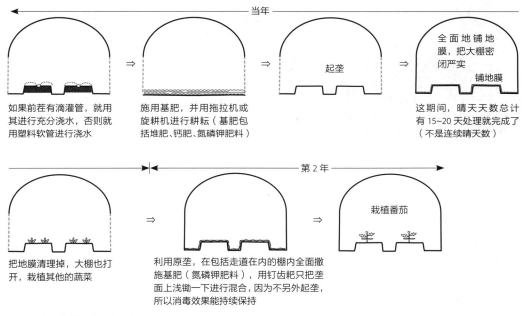

图 4-9　太阳热处理的顺序

最适宜的湿度为：耕地、旋耕碎土后，用手一攥土壤，立即能攥成团的状态。

2）堆肥或基肥等的施用和耕地、旋耕、起垄。施用基肥的堆肥、钙肥、氮磷钾肥料后要耕地。基肥当中，堆肥和钙肥不仅用于之后培育的秋冬蔬菜，还用于下茬的番茄。氮磷钾肥料主要是秋冬蔬菜用。

堆肥和钙肥，施后必须要深耕混合才会有效。换言之，1 年施用 1 次后，栽培几茬都可以。氮磷钾肥料则每茬都要施用，不过，它在地块的浅层使用也有效。利用在施肥方面的这些融合特性，在同一垄上能连续栽培 2 茬，消毒效果也能连续地发挥作用。

耕地、旋耕后即可起垄（图 4-10）。

3）铺设地膜和大棚内的密闭。用乙烯或聚乙烯塑料薄膜覆盖地面。大棚的换气部分也要密闭严实（图 4-11）。

杀灭土传病虫害有效的地温是 40℃ 以上。这个有效温度积累起来才能发挥效果。在温暖地、暖地，如果从 8 月开始处理，总计晴天天数有 15~20 天就可以了。当然，如果到秋天栽培其他的蔬菜还有空闲时间，再进一步地延长处理时间也没有关系。

处理完后揭掉地膜，开放大棚的换气部分即可进行秋天的栽培。

 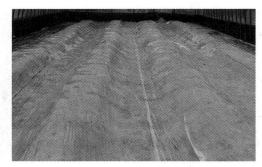

图 4-10　太阳热处理前的起垄　　　　　　图 4-11　全面铺上乙烯或聚乙烯塑料薄膜后开始进行太
　　　　　　　　　　　　　　　　　　　　阳热处理

（3）在番茄定植前不用另起垄——为了保持消毒效果　在 1 年当中都能栽培蔬菜的温暖地，进行太阳热处理对在 1 年当中栽培的蔬菜都有用，而不只是对栽培的番茄有用。

太阳热处理刚处理之后的好处，是其他的蔬菜先享受了。到第 2 年春天定植的番茄要更晚些才能享受到处理的好处。必须要保持好太阳热处理的消毒效果。

由于耕耘会使消毒效果被消除。在大棚内的边缘部分，即使太阳热处理的时间长，温度也得不到提高，没有被消毒，如果耕耘，这里的土壤就被挪动混入定植位置附近。为了防止这个情况发生，番茄就必须利用从秋天到冬天培育蔬菜时使用过的垄。

番茄的基肥要在大棚内包括走道在内全面地撒施，只是把落在垄面上的肥料用钉齿耙等浅锄一下即可。

（4）采用太阳热处理的注意事项

1）处理期间即使是土变白了也不能浇水。土壤的表面在处理后经过 3 天就会变白，但是此时不能浇水。如果是晴天，处理开始日地表温度能升高到 50~60℃，一天就能消毒结束。因为在消毒的同时从地表向下也逐渐变干，所以如果处理开始时能保持湿度就不用担心。如果浇水就白消毒了，会使土壤又变凉了。

2）地膜要全面覆盖。地膜不仅要覆盖在垄上，而且还要全面地覆盖，但并不是覆盖地膜的场所全部升温。变成高温的场所，是从地膜的边缘向里 30 厘米内侧的部分（图 4-12）。

从这条线向内侧的温度升高

消毒不彻底的部分　消毒彻底的部分

图 4-12　太阳热处理有消毒不彻底的部分

◎ 棉隆微粒剂处理的方法

（1）处理时期　在寒冷地、寒地、高冷地，11 月下旬～第 2 年 4 月下旬进行棉隆微粒剂处理。因为此时地温低，所以处理时间最短也需要 30 天左右。

为了确保处理效果，需要使药剂在土壤中充分地气化，并且需要在临定植前把气体彻底地放出去。因为有些地域不能培育越冬蔬菜，所以建议在年内处理后先不放气，使之越冬，到第 2 年春天时再揭膜并旋耕放气。

（2）处理顺序

1）灌水使土壤变得湿润。为了使药剂气化，需要土壤有水分。为此，在处理之前先使棚内的土壤变得湿润。浇水量为每 100 米 ^{2} 约 3 吨（图 4-13）。

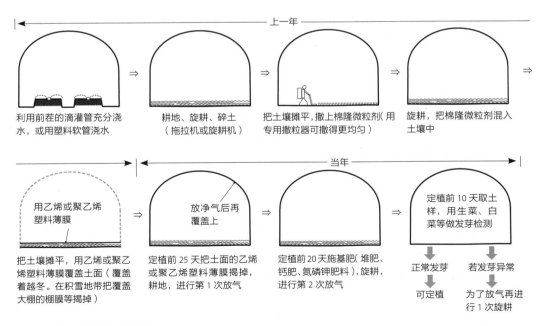

上一年

利用前茬的滴灌管充分浇水，或用塑料软管浇水

耕地、旋耕、碎土（拖拉机或旋耕机）

把土壤摊平，撒上棉隆微粒剂（用专用撒粒器可撒得更均匀）

旋耕，把棉隆微粒剂混入土壤中

当年

用乙烯或聚乙烯塑料薄膜

把土壤摊平，用乙烯或聚乙烯塑料薄膜覆盖土面（覆盖着越冬。在积雪地带把覆盖大棚的棚膜等揭掉）

放净气后再覆盖上

定植前 25 天把土面的乙烯或聚乙烯塑料薄膜揭掉，耕地，进行第 1 次放气

定植前 20 天施基肥（堆肥、钙肥、氮磷钾肥料），旋耕，进行第 2 次放气

定植前 10 天取土样，用生菜、白菜等做发芽检测

正常发芽　　若发芽异常

可定植　　为了放气再进行 1 次旋耕

图 4-13　棉隆微粒剂处理的顺序

与太阳热处理相同，如果前茬栽培番茄时使用滴灌管，就建议使用滴灌管进行浇水。如果没铺设滴灌管，就使用塑料软管浇水。

2）耕地、旋耕、药剂处理。耕地、旋耕。这时用手攥土，土立即成团并保持成团的状态为适宜的湿度。把土壤摊平后撒上棉隆微粒剂。施用量为每 100 米 ^{2} 3~6 千克。撒施后深旋耕，把棉隆微粒剂混入土壤中。

再把土壤摊平，覆盖乙烯或聚乙烯塑料薄膜，盖上后使之越冬。在积雪地带把覆盖大棚的材料揭去。

3）晾透放气、发芽检查。进入第 2 年，在定植前 25 天把地面的薄膜揭去并进行耕地。这是第 1 次放气。因为如果降雨地面被打湿了就难以放出气体，所以在大棚上再盖上覆盖材料。

再过 5 天（定植前 20 天）撒施基肥后旋耕。这次旋耕是第 2 次放气。

再过 10 天（定植前 10 天），取土样。用敏感性强的蔬菜（生菜、白菜、紫花苜蓿等）进行发芽检测。可使用检测用的成套工具，在卖棉隆微粒剂的商家可免费领到。

检测的结果如果正常，7~10 天后可定植。如果发芽有异常立即再次进行放气，检测正常后才能定植。

（3）棉隆微粒剂处理的注意事项　棉隆微粒剂经常被使用，但是使用时要特别注意以下 2 点。

①撒施时，药剂不要离鼻子太近，要在膝盖以下的位置。为此可用专用的撒粒器进行撒施。

②放气时如果土壤温度过低，气体不易散发出去，在冬天时大棚的棚膜已经揭掉了，要在放气开始前先盖上，以免降雨时被雨水把地拍实了。

◎ 微生物增殖材料处理的方法

如前面所述，在这里介绍以造酒时产生的蒸馏残渣物为主要原料的微生物增殖材料产品的应用案例。

（1）处理时期

1）温暖地、暖地。分为番茄栽培结束之后，也就是在秋冬蔬菜栽培之前的 8~9 月进行的"栽培结束后处理"，以及定植番茄之前，也就是秋冬蔬菜栽培结束之后的 2 月进行的"栽培前处理"。

2）寒冷地、寒地、高冷地。采用"栽培前处理"，在 3~4 月进行。

（2）温暖地、暖地栽培结束后处理

1）浇水使土壤变得湿润。要想使土壤中的微生物增殖，就需要使土壤有一定的湿度。为此在处理之前就要在大棚内浇水使土壤变湿润。浇水量为平均 100 米 ^{2} 3 吨左右。同太阳热处理和施药处理一样，如果前茬栽培番茄时有滴灌管，就建议使用滴灌管浇水。如果没有铺设滴灌管，就用塑料软管浇水（图 4-14）。

最适宜的湿度是耕地后抓起一把土一攥能攥成团，并且能保持成团的状态。

2）基肥、堆肥等的施用和处理。施用堆肥、钙肥及作为基肥的氮磷钾肥料后进行耕地、旋耕。堆肥和钙肥不仅用于这之后培育的秋冬蔬菜，而且对下茬的番茄也有用。但是氮磷钾肥料是供秋冬蔬菜用的。施肥后就可起垄。

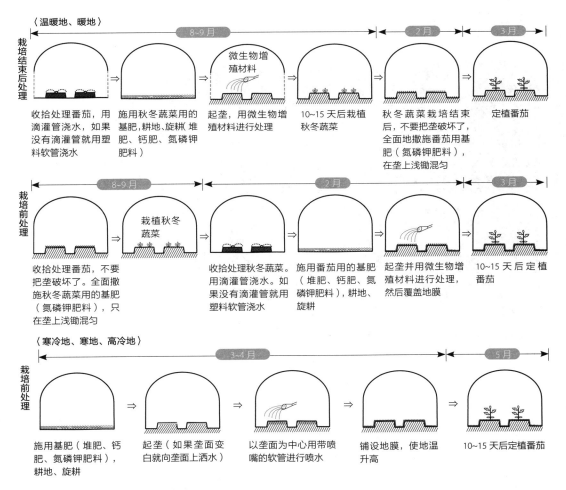

图 4-14　微生物增殖材料处理的顺序

把稀释到所用浓度的微生物增殖材料[⊖]，用喷壶等喷洒到垄上。把垄面的中央弄得稍凹一些更容易处理。从处理后 3 天就可看到增殖的微生物菌丝（图 4-15）。

3）定植（播种）秋冬蔬菜——番茄的栽培。处理后 10~15 天就可定植（播种）秋冬蔬菜。有菌丝发生过于丰富时，浇水时由于拒水性不易润湿垄面，这时就用钉齿耙浅锄一下垄面再浇水即可（图 4-15）。

第 2 年，利用培育秋冬用蔬菜的垄，施上番茄用的氮磷钾肥料，定植番茄。

（3）温暖地、暖地栽培前处理　处理的顺序可遵循栽培后处理的顺序。不过，因为处理的时期正值低温期，处理后要在垄面上覆盖地膜，提高温度有助于微生物的增殖。

（4）寒冷地、寒地、高冷地的处理　可遵循温暖地、暖地的做法。

因为是在几个月休闲后进行的处理，所以多数土壤已太干。为此，在处理之前需要先把垄润湿。浇水量为平均 100 米² 1~2 吨。

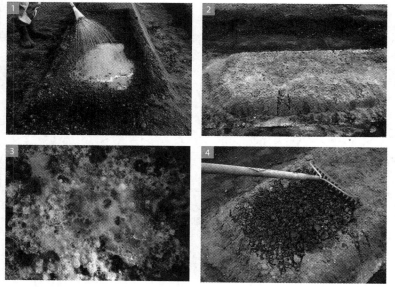

1 微生物增殖材料的处理
把垄的中央部弄成凹面更易处理。处理结束后再把土恢复成原样

2 处理后第 10 天的垄
和未处理的对面的垄相比较，微生物菌丝的发生很明显

3 近处观察的微生物菌丝

4 用钉齿耙浅锄
菌丝生长过于丰富，暂时不亲水，会出现难以吸水的情况。在这时，用钉齿耙浅锄一下再浇水即可

图 4-15　微生物增殖材料的处理方法和菌丝的发生

⊖ 以造酒时的蒸馏残渣物作为原料的微生物增殖材料，是借助曲霉菌和酵母的力量，把甘薯或小麦等发酵成酒精的过程中产生的以氨基酸或有机酸为主要成分的物质。以这些主要成分作为饵料，使土壤中的微生物增殖。

（5）微生物增殖材料处理时的注意事项

1）土壤干的状态下不能处理（图 4-16）。在干的土壤中，处理层和未处理层界限分明，处理效果也有限。如果土壤水分适宜，处理层和未处理层由于水分相通，定植后微生物的增殖区也向下层扩展。

2）处理后，在 5~10 天微生物充分增殖之后再定植。另外，由于材料的性质多数是土壤 pH 会暂时降低，处理后要恢复到原来的 pH 需 5 天左右。待 pH 恢复之后再定植会更安心。

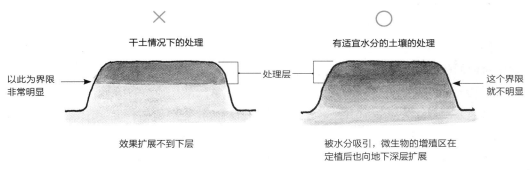

图 4-16　用微生物增殖材料对有适宜水分的土壤进行处理

3　起垄和前茬垄的利用

◎ 起垄

（1）没有垄也行　栽培时一般的是起垄栽培，但是在不用担心湿害的地区，也可以不起垄在平地上栽植。如果不起垄，走道会更宽敞，收获的车子也能错开，可提高作业效率（图 4-17）。

但是，也并不是什么样的栽培都可以不起垄的。不起垄的条件是不需要担心降雨造成水淹的情况，即使是短时间水淹也不行。想要解决这个问题，用大棚栽培是必需的条件。即使

图 4-17　如果不起垄栽培，走道会更宽敞

是用大棚栽培，地下水位高、土壤湿度大的地块也是不行的。

总之，露地栽培的必须要起垄。虽然用大棚栽培，但是地下水位高的地块，也需要起垄。那么既然要起垄，就起得稍高一些（比普通地面高出 15 厘米左右），这样不易受降雨或地下水的影响。

（2）光照和作业性好的垄　　垄宽是地块的宽度除以列数得到的数值，而不是堆土的宽度（以下称为床面宽）。因此，不管是无垄的栽培，还是起垄的栽培，只要是列数相同，垄宽都用相同的数值来表示。这个数值乘以株距得到的数值就是 1 株占的面积，所以知道了地块的面积就能计算出来栽植的株数。正因为这一点，垄宽是用起来很方便的数值。但是，从作业性和采光方面来讲，床面宽具有更重要的意义。

例如，像前面所讲的那样，床面宽是零的无垄栽培中，因为走道变宽，把有垄的地块中对向的收获车不能错车的情况变成了可能。即使是在起垄栽培时，也要尽量地把走道留得宽一些，以提高作业效率。这个想法适合于每列细长栽培的场所。

另一方面，在为了斜向引缚培育 2 列的场所，从放蔓作业等方面考虑，虽然是培育 1 列以上又想把走道留得宽一些，但是也并不成功。这是因为一定程度的床面宽，行间如果宽敞，行内的叶就会拥挤不堪，有的叶接收不到阳光，药剂也难以喷透。

因此，从作业性和行内的采光两方面综合考虑，必须决定好走道和床面的宽度。在第 3 章中图 3-15、图 3-16（第 46 页）展示的就是综合权衡了两方面后得出的走道宽度和床面宽度。

（3）不要用很细的土壤做垄——混有大土块垄的做法　　耕耘时土壤也不要旋耕得很细。必须用混有大土块的垄进行栽培，理由有以下 3 条（图 4-18）。

①持水性。如果全是细颗粒的土壤，土壤内的水分均等化，如在干旱时，土壤内部都是干旱的状态。与此相反，混有大土块时，即使是周围干了，但是土块内部也能长时间地保持水分，所以根能从这儿获得水分。总之，土块在浇水不足时作为缓冲的作用是很重要的。

②向土壤内渗入的难易程度。很细的土壤，水不直接向下渗入，会沿着表面滚落。而水可直接向下渗入含有土块的土壤。在第 2 章讲述的"过渡期管理"中，要严格地管理浇水量。在这样的管理中水从土壤表面滚落是不行的，必须直接渗入土壤内。总之，混有土块的土壤使"过渡期管理"成为可能。

③根的分支。很细的土壤，根可直着下扎、伸展。正因为如此，如从定植位置到垄边有 30 厘米，根伸展 30 厘米就可到达垄边。若是这种直接伸展的环境，根的分支就少，结果是最后形成根量也少的植株。如果土壤中混有土块，根不能直接到垄边，因为根需要沿着土块周围向前伸展，所以要达到 30 厘米的垄边就要几倍的长度。加之，如

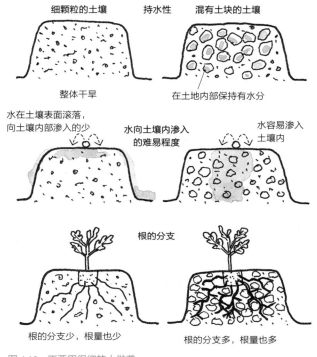

图 4-18　不要用很细的土做垄

果是根不能顺利伸展的条件，根形成的分支就多，结果是成为根量多而且生长旺盛的植株。

是耕成很细的土壤，还是耕成含有土块的土壤，与耕耘（旋耕）时土壤的湿度有关。在土壤干的状态下耕地时易形成细颗粒的土壤。特别是在土壤干得有尘土扬起的程度时耕耘，会形成微细颗粒的土壤。

如果在土壤很湿时进行耕耘，能形成混有土块的土壤。在用手抓土能攥成团的湿度耕耘正适宜。

◎ 可利用前茬的垄

（1）可利用前茬的垄的理由　堆肥和镁石灰等改良土壤的肥料，需要施到土壤的深处。氮磷钾肥料不一定施到深处，即使是施到土壤的近表层也很有效。因此，施用改良土壤的肥料后一定要深耕，但是施氮磷钾肥料后不一定深耕。

另外，改良土壤的肥料以年为单位进行施用。总之，无论是栽几茬蔬菜，1 年中施用 1 次即可。而氮磷钾肥料是 1 茬蔬菜就要施用 1 次或多次。

因此，1 年栽几茬的场所，若只从施肥方面来说，因为耕耘作业只实施 1 次即可，所以能够利用前茬的垄。如在温暖地、暖地栽培番茄后到第 2 年再栽植番茄之前，还可栽植其他蔬菜。

（2）使用前茬的垄的优点和注意事项　用太阳热处理进行土壤处理时，因为是在番茄栽培结束后，其他蔬菜可使用新垄，番茄再用前茬蔬菜的垄，有以下优点。

①不用再为另造新垄而耗费劳动力。

②如果不对土壤做大的挪动，前茬的土壤处理效果还将持续。

③因为把前茬氮磷钾肥料的残肥也考虑在内作为基肥，所以能节约肥料的开支，并且还不易引起土壤中盐类的集聚。

④因为土壤疏松程度正适宜，定植的根坨和垄容易密切接触，缓苗成活也快。

利用前茬的垄时必须要注意的就是不要消除了土壤消毒的效果。要做到这一点，就不能对土壤做大的挪动。施用氮磷钾肥料后用钉齿耙或管理机轻锄将肥料混入苗床的表层中（2~3 厘米的深度）。

第 5 章

育苗和购买苗

1 育苗时必需的材料和设施

◎ 育苗棚

（1）什么样的棚合适　育苗棚以钢管棚为主。正规大棚的宽度为 4.5 米或 5.4 米，面积为 100 米² 左右。但是，由于园艺爱好者增多，也有出售几坪（1 坪≈3.306 米²）大小的简易大棚，小规模育苗也更容易且方便了（图 5-1）。

（2）育苗需要的棚室面积　育苗需要的面积以多少为宜呢？育穴盘苗和钵苗需要的面积是不同的（图 5-2、表 5-1）。穴盘和育苗钵的容积大小不同，苗的伸展方式也不同。

1）育穴盘苗所需要的面积。为计算出所需要的苗床面积，以栽培面积为 100 米²（定植 200 株）的场所为例，首先来考虑穴盘和钵放置场所的面积吧。

穴盘也好，钵也好，开始育苗时都是挨着放的，但是要随着苗长大而进行扩展。穴盘苗不能 1 株 1 株地摆开。如果以 72 穴的穴盘为例，必须 72 株为单位一起移动。首先，需要 4 个穴盘。因为 1 个穴盘的面积为 0.18 米²，所以开始育苗时面积为 0.72 米²。苗长大后约需扩大到 2 倍的面积，为 1.44 米²。

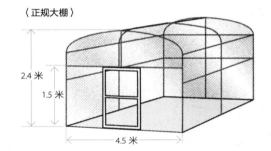

〈正规大棚〉

2.4 米
1.5 米
4.5 米

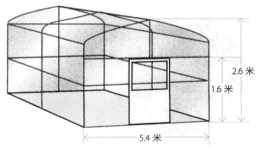

2.6 米
1.6 米
5.4 米

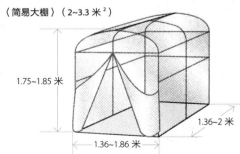

〈简易大棚〉（2~3.3 米²）

1.75~1.85 米
1.36~2 米
1.36~1.86 米

图 5-1　育苗棚的大小

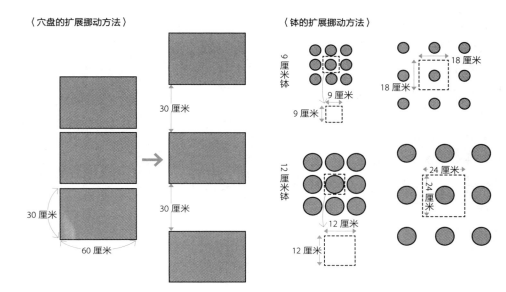

图 5-2　穴盘和钵的扩展挪动方法

扩展挪动的状态是定植前或二次育苗开始前的最终阶段

表 5-1　栽培 100 米² 所需要的育苗面积

分类	数量	1 个容器占据的面积 / 米²		全部苗的成苗期占据的面积 / 米²（a）	走道等的面积 /米²（b）	需要的育苗面积 /米²（a+b）	再加上嫁接作业用的 3 米²后的面积 / 米²
		初期	成苗期				
穴盘苗	4 个穴盘（72 穴）	0.18	0.36	1.44	0.7	2.14	约 5
钵苗	220 株	0.0144	0.0576	12.67	6.4	19.07	约 22

注: 钵苗是以 12 厘米钵来计算的。

如果综合考虑初期使用时育苗箱的放置场所和走道，约需 1.5 倍的面积。另外，考虑嫁接作业场所还要再加上 3 米²。总之，将穴盘苗育好后栽到地块中去的场所，约需苗床 5 米²。

2）育钵苗需要的面积。把穴盘苗移到钵中育成钵苗的场所，还需要更大的面积。钵最后摆开的面积约是最初挨着放时的 4 倍。如果这样算，使用 12 厘米钵时需 12.67 米² 的面积（定植数再增加 1 成，按 220 株计算）。

◎ 床土

（1）购买还是自制床土　床土有播种用、装穴盘用、装钵用 3 种。虽然自己制作也可以，但是因为各种专用的床土都有出售的，所以建议购买（图 5-3）。

（2）**必需的用土量**　首先，从播种用的土开始讲解，需要 4 个育苗箱（砧木和接穗各用 2 个，以断根嫁接为例）。因为 1 个育苗箱内需装 5 升土，所以共需要 20 升土（表 5-2）。

嫁接后，使用 4 个 72 穴的穴盘进行适应性观察。1 个穴盘中装 4 升土，所以需要装 16 升土。育 220 株苗时，用 9 厘米钵需用土 55 升，用 12 厘米钵需用土 110 升。

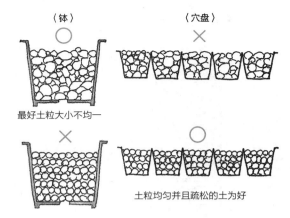

图 5-3　钵和穴盘的用土标准不同

表 5-2　栽培 100 米² 需准备的育苗用土的量 [以钵苗 220 株，穴盘 4 个（288 株）的育苗为例]

育苗方法		播种用土 / 升	穴盘用土 / 升	钵用土 / 升
自己育苗	穴盘苗（取出即可定植）	20	16	—
	定植 9 厘米钵苗	20	16	55
	定植 12 厘米钵苗	20	16	110
购买穴盘苗	原样定植			
	再移植到 9 厘米钵中育苗			55
	再移植到 12 厘米钵中育苗			110
购买刚嫁接之后的苗	在穴盘中缓苗后再定植		16	
	再移植到 9 厘米钵中育苗		16	55
	再移植到 12 厘米钵中育苗		16	110

注：1 个育苗箱装土 5 升（砧木、接穗各 2 箱，共使用 4 个箱）。1 个穴盘装土 4 升。1 个 9 厘米钵装土 0.25 升（8 成满）。1 个 12 厘米钵装土 0.5 升（8 成满）。

◎ 苗床的建造和保温设施

（1）**苗床的构造和建法**　苗床有 2 种，一种是用木头在地面上制成框，铺上专用垫后放苗的地床式；另一种是在水泥块等上面放网状的金属板，在网状金属板上放苗的高床式（图 5-4、图 5-5）。

对于苗床的宽度，从一侧的走道以侧视的姿势管理苗的情况下，如果苗床宽不留 70 厘米作业时就很难操作。从两侧的走道进行管理的情况下，可以留 140 厘米，不过，若在室内搭建小拱棚，推荐留 100~120 厘米的即可。这是因为覆盖小拱棚用的聚乙烯塑料薄膜的规格为宽 180 厘米或 200 厘米（图 5-6、图 5-7）。

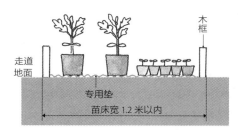

①地床式

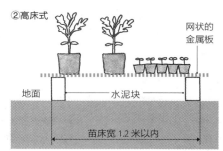

②高床式

图 5-4　苗床的构造

①地面的框中铺专用垫的苗床（地床式）

②放置网状金属板的苗床（高床式）

图 5-5　地床式和高床式苗床

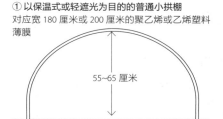

① 以保温式或轻遮光为目的的普通小拱棚
对应宽 180 厘米或 200 厘米的聚乙烯或乙烯塑料薄膜

55~65 厘米

100~120 厘米

② 断根嫁接等缓苗适应中为确保保温性而采用的小拱棚
对应宽 135 厘米或 150 厘米的聚乙烯或乙烯塑料薄膜

40~45 厘米

70 厘米

图 5-6　大棚内小拱棚的大小

如果自己育苗，嫁接后缓苗的过程中需保持小拱棚内的湿度。为达到此要求，要让小拱棚更容易保持气密性，所以推荐 70 厘米的苗床宽，使用的聚乙烯或乙烯塑料薄膜的规格为宽 135 厘米或 150 厘米。

（2）**小拱棚的搭建方法**　为了给大棚内的小拱棚保温，需要覆盖聚乙烯或乙烯塑料薄膜，在嫁接后的缓苗期间还要覆盖遮光材料。支撑的材料可用劈开的竹条或塑料条或

图 5-7　小拱棚的设置（高床式）

钢条。因为小拱棚的气密性是很重要的，所以覆盖的聚乙烯或乙烯塑料薄膜的两边要宽裕一点儿，垂到地面后还要水平长出一些为好（图5-8）。

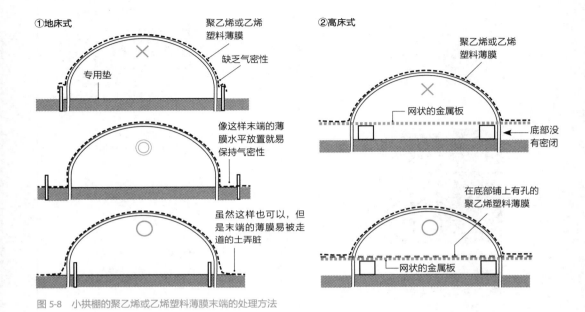

①地床式　聚乙烯或乙烯塑料薄膜　缺乏气密性　专用垫

像这样末端的薄膜水平放置就易保持气密性

虽然这样也可以，但是末端的薄膜易被走道的土弄脏

②高床式　聚乙烯或乙烯塑料薄膜　网状的金属板　底部没有密闭

在底部铺上有孔的聚乙烯塑料薄膜　网状的金属板

图 5-8　小拱棚的聚乙烯或乙烯塑料薄膜末端的处理方法

如果是高床式小拱棚，在苗床上也铺上有孔的聚乙烯塑料薄膜以保持气密性。如果薄膜无孔，浇水后就无法排水。

有孔聚乙烯塑料薄膜在浇水等时会有很多水通过。平时小拱棚内侧的露滴就能堵塞小孔，所以气密性没有问题。

（3）农业用电热线的铺设方法　在寒冷的时期进行加温育苗。如果大规模育苗可用以汽油为燃料的暖炉对苗棚进行加温，但是定植面积为 100 米^2 时，使用农业用电热线更加方便（图5-9）。

因为加温的空间小需要消耗的电力就少，所以要在大棚内再设置小拱棚，对小拱棚进行加温。在小拱棚的底部铺上泡沫塑料或稻壳等，防止热量从地下散失。

通常，在温暖地、暖地，每平方米配设 50 瓦的电热线；寒冷地、寒地、高冷地配设 100 瓦的电热线。为了不使电热线直接与钵接触，留下 5 厘米以上的间隔。即使只培育穴盘苗，也留下 5 厘米的间隔，因为需防止发热的电热线重叠或挨得太近，这样会更安全。

①农业用电热线的案例

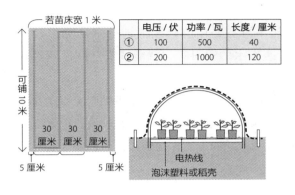

②大棚内小拱棚农业用电热线的铺设方法和苗的放置方法的案例

[育钵苗]

[育穴盘苗]

育穴盘苗时，铺设直径为 2~3 厘米的管等，在其上面放置装有穴盘的育苗箱。电热线的间隔为 5 厘米以上

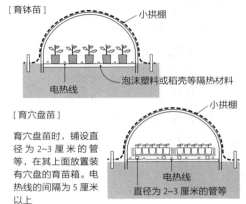

图 5-9　农业用电热线的铺设方法

因为有铺上就能使用且装有电热线的保温垫出售，所以也可使用这种保温垫（图 5-10）。

（4）温度自动调节传感器　在小拱棚内安装温度自动调节传感器（图 5-11）。能见到将温度自动调节传感器插在育苗箱或钵土内进行育苗的案例，但这不是正确的做法。

地上部和地下部的适温多数是不同的，只有发芽适温是相同的。

为此，在发芽前，把传感器插入土中是正确的。但是，发芽后为了了解地上部茎叶的生长发育适温，传感器也要放在地上。

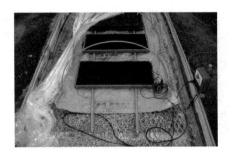

图 5-10　铺上就能使用的保温垫（配套温度自动调节器）

为了不直接接触育苗箱或穴盘底而铺设上管等

①发芽前

将传感器插入土内

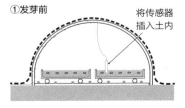

②发芽后

把传感器放在地上

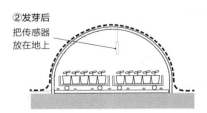

图 5-11　小拱棚内温度自动调节传感器的位置

用适合茎叶的适温进行管理，用土内的温度自然地就在根伸展的适温范围中。相反温度就不适合了。

（5）**用塑料瓶装水保温**　初春，虽然不再需要用电热线等进行主动加温，但是，在可能有倒春寒时，在小拱棚内放置装有水的塑料瓶，就能够安全度过寒冷期（图 5-12）。

白天时由于太阳热而使温度升高的水到了晚上就会放热，可使小拱棚内能够保温。

（6）**夜间在小拱棚的上面再盖上一层**　如果夜间在小拱棚的乙烯塑料薄膜或聚乙烯塑料薄膜上面再盖上一层银色聚乙烯塑料薄膜或无纺布等，保温性会提高，并且节电。

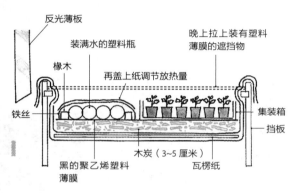

图 5-12　利用装水塑料瓶的简易温床

专栏

发酵热温床

虽然现在已经见不到了，但是发酵热过去曾用作苗床的热源。发酵热温床的原理是微生物把氮、水、氧作为营养源，利用微生物分解稻壳、落叶、纺纱下脚料等时产生的发酵热作为温床热源（图 5-13、表 5-3）。

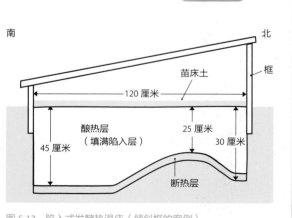

图 5-13　陷入式发酵热温床（倾斜框的案例）

　　氮源使用的是人粪肥或稻壳或石灰氮。把碳源、氮源、水的混合物填入苗床底，由于它的混合比例或填入的结实度（与氧的供给有关）等不同，温度的高低或发热的持续天数等有差异，是一项很值得研究的技术。

表 5-3　陷入式发酵热温床填入材料的标准量

（1 层的量，每层面积为 3.3 米 ^{2}，日本山形县农业综合试验场）

例	氮源材料	碳源材料	水
①	石灰氮 1.1 千克 稻壳 3.6 升 硫酸铵 0.8 千克	稻草 26.3 千克	50 升
②	稻壳 5.5 升	稻草 26.3 千克	70 升
③	畜舍垫草 93.8 千克	稻草 26.3 千克 或落叶 37.5 千克	20 升
④	人粪肥料 43.2 升 过磷酸钙 4.6 千克	落叶 37.5 千克	27 升
⑤	干鸡粪 1.3 千克 稻壳 3.6 升	落叶 37.5 千克	82 升

2　从播种到嫁接的管理

　　图 5-14 展示了各种嫁接方法和从播种到定植的流程。

◎ 播种

　　（1）将接穗播在育苗箱内，砧木播在育苗箱或穴盘中　接穗，无论采用什么样的嫁接方法都是播在育苗箱内。

　　砧木，断根嫁接（掘接）时播在育苗箱内，圃接（地接）时有播在育苗箱内和播在穴盘中 2 种方法（图 5-14）。

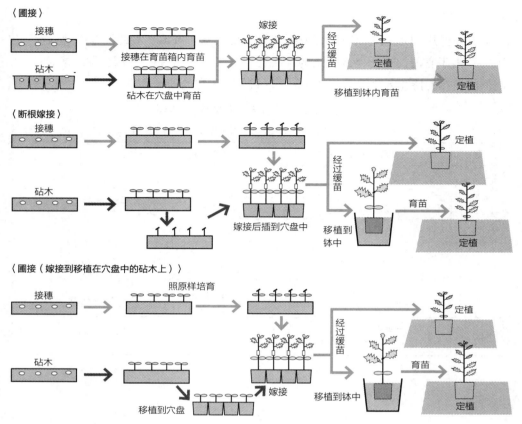

图 5-14　嫁接方法和从播种到定植的流程

（2）**需要移植的砧木要提早 2 天播种**　砧木和接穗如果同时播种，嫁接时大小是般配的。但是砧木在移植时，因为会发生暂时的生长发育停滞现象，所以要提前 2 天播种砧木。

（3）**育苗箱内要装满土**　用育苗箱育苗时，装入足量的土是很重要。因为尤其是番茄在育苗箱内生长的天数长，所以要注意不能使用土量不足。

用土量过少就会出现多湿层的问题，虽然可以用后面讲的方法努力地解决，但是，会出现下面的困扰。

①随着苗长大，土壤变得容易干燥，易受到干旱的危害。这时期的旱害会使苗明显变弱，长时间地影响苗的生长发育。

②如果为了防止旱害而频繁浇水，又会形成软弱的苗。

（4）向育苗箱内播种的方法

1）有 2 种播种方法。在育苗箱内播种时，有撒播和条播 2 种方法（图 5-15、图 5-16）。

对于子叶大的瓜类，长出的苗不能被遮阴，所以要整齐地留出间隔进行条播。但是番茄的子叶小，还是在真叶还未长大时进行嫁接，所以可进行撒播。当然也可以条播。

2）在育苗箱内覆土。撒播后全面地覆盖上厚 1.7 厘米左右的土。条播时，只把有种子的部分覆上厚 1.5 厘米左右的土，形成山脉状。比起全面覆土，这种只覆盖有种子的部分的方法不容易造成种子缺氧（图 5-17）。

对形成"山和谷"的土壤，发芽以后采用浇水以压实根部培土的方法进行缓苗，和覆盖厚 1 厘米的土壤时的状态几乎相同。

无论是撒播还是条播，覆土时种子都易挪动。如果种子挪动了，好不容易留出的间隔就失去了意义。为防止这个问题出现，在覆土前用手掌或木板将种子稍向下压一下即可。

3）需要的种子量。对于需要的种子量，也并不是播上要栽植的株数就行。100 米² 要栽 200 株，但是这 200 株必须是大小一致的好苗。如果这样就要增加 1 成，即需培育出 220 株的苗。

更进一步，番茄要进行嫁接，但是嫁接的苗不一定全部成活。如果不再增加 1 成即嫁接 242 株就不保险。

提前制成这样的木板
番茄和辣椒用 7 毫米的，瓜类用 14 毫米的

在木板弄均匀的地方撒播种子
最多播 200 粒

用 **1** 中的板的 7 毫米的部分，将多余的用土刮除，弄均匀，把刮下来的土装入下一个育苗箱

图 5-15 撒播

准备带播种沟的木板（手工制作）

把面Ⓐ靠向育苗箱的内侧

用 1 中的木板划上播种沟

1 次可划上 10 列播种沟

划好的播种沟

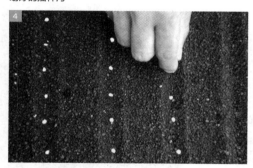

在播种沟内条播

和撒播一样，最多播 200 粒种子

图 5-16　条播

覆土前为了使种子不挪动，要轻轻用手压一下

2　撒播的深度和覆土

播种后浇水，全
体稍有些下沉

7 毫米

1.7 厘米

覆盖的土

稍微被压实的种子

播种时装
入的用土
的位置

3　条播时的覆土方法

覆土厚 1.5 厘
米左右，呈山
脉状

7 毫米

3 厘米　2.3 厘米

稍微被压实的种子

发芽后浇水以压实根部培土来进行缓
苗，和全体覆土 1 厘米时的情况相同

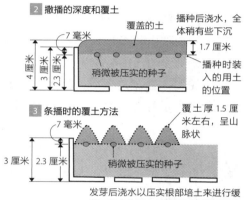

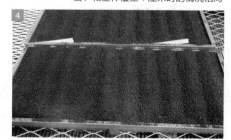

条播覆土后的状态

只在有种子的部分覆土，呈山脉状

图 5-17　覆土的方法

　　准备这 242 粒种子就行吗，其实也并不是这样，因为种子不一定能全部发芽。这里最好也增加 1 成。因此，最终需播 267 粒种子。当然，砧木和接穗两方面的种子都是这样。

　　（5）向穴盘内播种的方法　因为穴盘用土较疏松，如果只是向穴盘内刮平装满，播种后会因浇水而下沉，用土就会不足。必须是在用土为适宜的紧实度的状态下进行播种，做法见图 5-18。

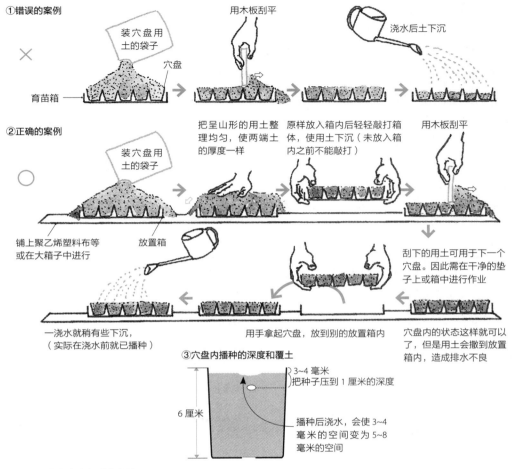

①错误的案例

装穴盘用土的袋子

穴盘

育苗箱

用木板刮平

浇水后土下沉

②正确的案例

装穴盘用土的袋子

把呈山形的用土整理均匀，使两端土的厚度一样

原样放入箱内后轻轻敲打箱体，使用土下沉（未放入箱内之前不能敲打）

用木板刮平

铺上聚乙烯塑料布等或在大箱子中进行

放置箱

刮下的用土可用于下一个穴盘。因此需在干净的垫子上或箱中进行作业

一浇水就稍有些下沉，
（实际在浇水前就已播种）

用手拿起穴盘，放到别的放置箱内

穴盘内的状态这样就可以了，但是用土会撒到放置箱内，造成排水不良

③穴盘内播种的深度和覆土

3~4 毫米
把种子压到 1 厘米的深度

6 厘米

播种后浇水，会使 3~4
毫米的空间变为 5~8
毫米的空间

图 5-18　向穴盘内播种的方法

　　向穴盘内播种，专业生产户用专用机械在穴盘内把用土整理成凹形，将种子播在此处。如果自己播种，先把种子摆在用土上，然后用手指把种子压向土中 1 厘米深。

◎ 怎样确保播种成功

　　如果土壤过湿，播入的种子就会死掉，不发芽。一旦发芽，再有稍多的水分也不会出现问题，但是在发芽前必须避免土壤过湿问题。那怎么防止播种后出现湿害呢？

　　以前多用泡沫塑料箱作为育苗箱，但现在用水稻育苗箱，较浅的水稻育苗箱比深的泡沫塑料箱易出现湿害，理由如下。

　　把沙子装入铁筛子或铁丝网的容器内，连容器浸入水中再提上来，容器虽然净是缝隙，但是落下的水少，大量的水因在沙子的底部形成饱水状态层而停留。育苗箱内浇水也会发生同样的情况，在底部形成饱水状态的多湿层。

这个多湿层，不论是以前使用的深的泡沫塑料箱，还是现在使用的浅的育苗箱，都会在底部形成相同厚度的多湿层。因此，用泡沫塑料箱，种子播在远离多湿层的上部位置，就不用怎么担心湿害的问题。但是，如果用浅的育苗箱，种子离多湿层近，所以就可能出现湿害的问题。特别是作为播种场所标记的部分挖了较深的播种沟，或者因用土量少而播种层浅，湿害的危险就变大（图 5-19）。

为了不出现湿害，在箱里装上 8 分以上的用土再播种，然后在种子上面必须覆土（图 5-20）。

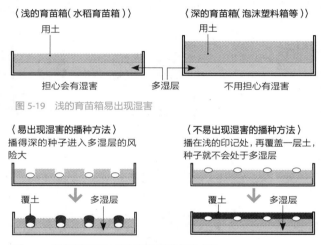

图 5-19 　浅的育苗箱易出现湿害

图 5-20 　易出现湿害和不易出现湿害的播种方法

◎ 播种后的管理

（1）不能缺肥——缓苗过程中子叶枯萎是因为肥料不足

1）子叶的重要功能。真叶是在发芽后产生的器官，与之相反，子叶是种子中已经有的器官。子叶一冒出地表，虽然叶小，但是吸收了水和肥料也能进行光合作用，起到向依靠真叶的正式生长阶段过渡的作用。为此，即使子叶小，也要使之呈深绿色，以便充分地发挥作用。

特别是砧木的子叶，在一般采取的断根嫁接中，还担负着另一个重要的任务。砧木是在低光照度的缓苗条件下发根的，但是发根使用的养分是砧木中贮藏的光合产物（图 5-21）。

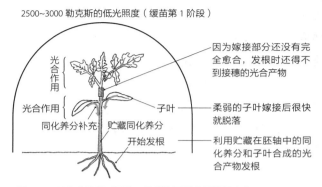

图 5-21　用充实的子叶嫁接，发根快而且苗的消耗也少

2）肥料不足比光照度弱更容易引起子叶脱落。发根是在缓苗的第 1 阶段，在整个栽培期间中处在光照度最低的时期，只有 2500~3000 勒克斯。

子叶比真叶对光照度、水分、肥料等反应更敏感，如果条件差就会产生离层并迅速脱落。在断根这个过于严酷的条件下，2500~3000 勒克斯的光照度是子叶继续进行光合作用还是脱落的分界点。趋向于哪一个方向，是由嫁接时（断根时）子叶的状态来决定的。

光照好，肥料效果好，子叶长得充实，就能维持光合作用，发根早，而且低光照度对苗的消耗也少。相反，如果子叶柔弱就会脱落，苗的消耗多，推迟发根。

尽管如此，番茄在嫁接前也不怎么需要考虑光照的问题。因为它的叶不像瓜菜类的那样大，所以苗相互之间几乎没有遮阴。但是，需要注意肥料不足的问题。如果肥料不足，带着浅绿色的子叶嫁接，缓苗过程中就会脱落。

（2）嫁接前最后施液肥的时机

1）嫁接植株体内氮被消化的状态。为确保不缺肥，按图 5-22 中标记的时期施液肥。嫁接时肥料发挥作用的意思是指大部分的氮素被同化成氨基酸或蛋白质，并不是指

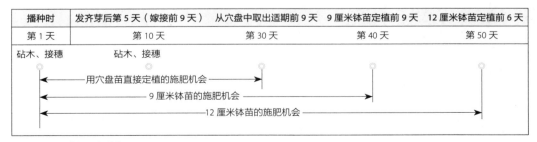

播种时	发齐芽后第 5 天（嫁接前 9 天）	从穴盘中取出适期前 9 天	9 厘米钵苗定植前 9 天	12 厘米钵苗定植前 6 天
第 1 天	第 10 天	第 30 天	第 40 天	第 50 天
砧木、接穗	砧木、接穗			

用穴盘苗直接定植的施肥机会

9 厘米钵苗的施肥机会

12 厘米钵苗的施肥机会

把播种日作为第 1 天来计算

图 5-22　育苗过程中的液肥施用时期（在有◎标记的时间施用）

植株体内残留着大量的硝态或铵态等无机态氮。

如果在植株体内无机态氮多时嫁接，预定用于发根或伤口愈合的贮藏的光合产物转而用于氮素的同化，比不施液肥时消耗快。

嫁接前施液肥最重要的是被吸收的大多数氮在嫁接时要被同化成氨基酸或蛋白质的状态。为此，最后的液肥何时施用是很重要的。

2）最后的液肥在嫁接前9天施用。最后的液肥在嫁接前9天施用为宜。"即使在9天前施完肥，留在床土中的肥料在嫁接日前还会继续被吸收"，多数人往往会这样想，其实并非如此。

播种专用的床土多是粒状的，肥料易流失。加之育苗箱很浅，施肥第2天浇水时很多肥料随水流到箱外。而且一旦肥料流到箱外的，不像在地块中还有毛细管现象能使肥料回流。

总之，假定每天浇1次水，能够确保床土肥料浓度的是在液肥施用后24小时。这个时间内能充分地保证肥料有效。

（3）刚播种后施液肥也很有效　床土的肥料会流失，即使在刚播种后浇水也是这样的。总之，即使装满箱时床土的肥料含量是理想的，也会因为浇水而减少。

刚播种后，因为不是每天都浇水，虽然一般不会引起极端的肥料不足，但是有时床土肥料少，浇水量又多，就要小心开始播种后2~3天的肥料缺乏问题。这时如果肥料少，就不会长出健壮的子叶。

因此，在刚播种后，不要浇水，施液肥的效果会更好。

（4）移植到穴盘的方法　将砧木移植到穴盘的嫁接法中，穴盘移植在播种后第8天进行。这时苗的大小如图5-23所示。

用手指将苗移植到狭窄的穴盘中是很困难的，无论是挖坑还是移植后向苗上培土都可以用筷子顺利操作（图5-24）。

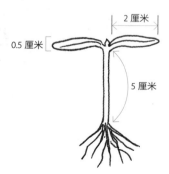

图 5-23　移植到穴盘时苗的大小

图 5-24　把苗移植到穴盘时使用筷子

（5）苗的温度管理　育苗中的温度管理，按表 5-4 所示的目标进行。

表 5-4　苗的温度管理目标

时间		播种至发芽	发芽至育苗结束	参考
低温期	白天	25~30℃	25~28℃	生长发育最低温度为 5℃
	晚上	20℃	15~18℃	
普通期至高温期	白天、晚上	根据生长情况而定（注意不要到 35℃以上）		

3　嫁接的方法

◎ 有 3 种嫁接方法

穴盘格的空间不像钵那样大，不能移植根量多的苗。为此，不能用靠接等方法，结合穴盘格的空间，可采用 3 种嫁接方法，见图 5-25、表 5-5，以及图 5-14。

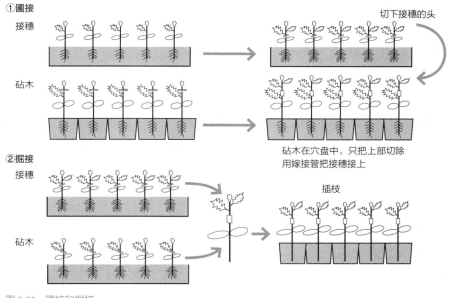

图 5-25　圃接和掘接

（1）**把砧木播在穴盘内进行嫁接**　这是把砧木播在穴盘内培育，并在穴盘内嫁接上接穗（圃接、地接）的方法。

表 5-5　不同嫁接方法及其特点

	嫁接方法	嫁接前的育苗容器	砧木生长的整齐度	嫁接作业	嫁接人员	缓苗时的浇叶水作业	定植后的植株长势
圃接	把砧木直接播在穴盘中的方法	砧木不需要育苗箱	稍不整齐	稍难	2人配合	喷雾器→莲口壶、喷壶	平稳
	把砧木移植到穴盘中的方法	砧木、接穗都需要育苗箱	整齐	稍难	2人配合	喷雾器→莲口壶、喷壶	平稳
掘接	断根嫁接	砧木、接穗都需要育苗箱	整齐	容易	1人完成	莲口壶、喷壶	易生长强壮

因为是在砧木的根伸展的状态进行嫁接，到切口愈合为止的缓苗比较容易。但是，如果有未发芽的种子会出现缺株的格子（对策将在后边的实际作业部分进行讲解）。

因为没有机会调节胚轴的长度，所以有时会出现胚轴长、易摇晃的苗。

还因为不能挪动砧木，不能采用舒适的姿势进行作业。

另外，从切好砧木到把接穗接上有几分钟到 15 分钟的时间差，所以砧木的切口易干，有时不能愈合（如果操作熟练了就能缩短时间）。

（2）**把刚发芽的砧木移植到穴盘内进行嫁接**　这是把砧木播种到育苗箱内，在其刚发芽后根少时移植到穴盘中培育，在穴盘中嫁接上接穗（圃接）的方法。

优点是因为移植造成适当的应激反应，可以防止徒长，易培育成胚轴长度适宜的苗，不用担心缺苗等问题。

缺点是和直接播在穴盘内的圃接相比，增加了一道工序。

另外，其缓苗、作业姿势等的特征和直接播在穴盘内的圃接相同。

（3）**把砧木断根后进行嫁接、插枝（断根嫁接）**　这是在育苗箱内培育的苗，从贴地的茎基部处切断（断根）后以这个高度嫁接（掘接），嫁接后再插枝到穴盘中的方法。其特点如下。

嫁接作业方便且姿势自由。

因为在砧木切除后 1 分钟就能紧密地嫁接上接穗，所以不用担心切口处干的问题。另外，因为砧木在发根之前不向接合部位供水，所以能促进嫁接部位愈合。

如果嫁接时砧木的胚轴过长，可通过调节断根的位置或插枝的深度来调节胚轴长度，能培育成适宜高度的苗。

因为断根后再发出的根比通常的根长势强，能培育出健壮的苗。虽然担心定植后长势过强，但是如果按照第 2 章的"过渡期管理"进行操作，有植株的潜力好这一大优点。

嫁接后，因为砧木的发根和砧木、接穗的愈合这两项必须同时进行，所以不但缓苗的天数长，也很费功夫。

嫁接后，插到穴盘前能进行苗的买卖。当然，这个苗比生长在穴盘中的苗轻，更便于运输。

◎ 嫁接的准备

（1）**刮胡刀片的准备**　嫁接时可使用刮胡刀片。用两边有刃并且薄一点儿的刮胡刀片会比较方便。把刀片对折成单刃刀片即可，不过，再进一步地把使用部分的顶部（刀刃的对侧）再斜着折断，使之成为尖状会更容易使用。这些工作，在刀片带着包装的状态下进行操作更为安全（图 5-26）。

1 带着包装对折
2 双面刃成了单面刃
3 带着包装把顶部（刀刃的对侧）斜着折断
4 使用尖的部分

使用尖的部分

使用前

图 5-26　刮胡刀片的准备过程

用刮胡刀片切苗的过程中，刀片会逐渐变钝，甚至切不断对侧的表皮。此时最好更换新的刀片。嫁接时刀片锋利的切口整齐、干净且容易愈合。

（2）**嫁接管的准备**　准备如图 5-27 那样的嫁接管。

图 5-27　嫁接管

◎ 嫁接的适期和顺序

（1）**苗的生长和嫁接的适期**　在高温期，接穗播种后约 15 天就是嫁接的适期。此时砧木和接穗的大小及嫁接的姿态见图 5-28，苗的大小见表 5-6。

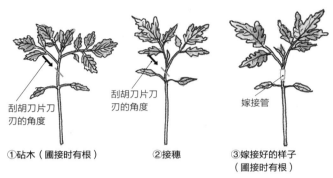

图 5-28　嫁接适期的苗和嫁接好后的样子

表 5-6　**嫁接时苗的大小**（圃接、断根嫁接时相同）

砧木的状态				接穗的状态			
株高	叶数	最大叶		株高	叶数	最大叶	
		长	宽			长	宽
10 厘米	3 片	7 厘米	6 厘米	11 厘米	2 片	8 厘米	5 厘米

注：叶数是指已经展开的叶的数量。

（2）**育苗的顺序和天数**（因嫁接方法不同而有差异）　关于番茄嫁接的 3 种方法，图 5-29 展示了从播种到定植的顺序、天数等。

（3）**圃接需 2 人配合，掘接由 1 人完成**　圃接时，需准备相同数量的砧木和接穗并进行切割。这些工作如果 1 个人做，花费的时间太长，砧木、接穗的切口就容易变干。一旦砧木和接穗中有一个干了，即使是嫁接上也不能愈合。为此，就需要 2 个人配合，1 个人进行砧木切头，另 1 个人进行接穗调整。而断根嫁接时，因为只用将苗切下来进行嫁接，所以 1 个人就能完成。

（4）**确保嫁接成功需要注意的问题**　无论采取圃接还是断根嫁接，切的伤口都很大，所以需要精心管理进行缓苗。为此，嫁接后需要进行集约化缓苗，全部以穴盘苗的形式进行管理。

作业项目	砧木移植到穴盘中的方法的砧木播种	接穗播种	砧木移植到穴盘中的方法的砧木移植	嫁接	断根嫁接苗的插枝	从穴盘中取出的适期	钵苗定植适期
天数（以接穗播种为起始日）/ 天	-2	0	6	19	20	39	49（9 厘米钵苗） 56（12 厘米钵苗）

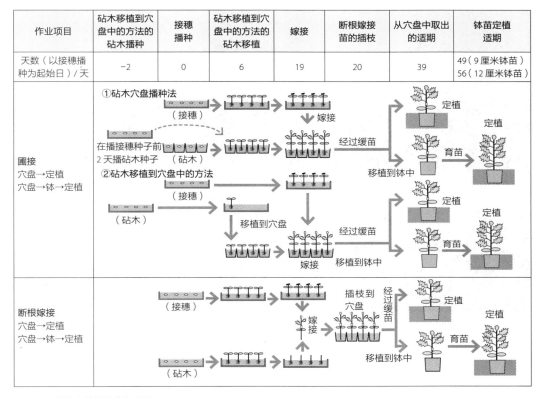

图 5-29　番茄育苗的顺序和天数

另外，圃接苗的植株长势平稳，定植后培育植株失败的情况很少。但是，需要注意不能使植株衰弱。

◎ 圃接的时机和注意事项

圃接的操作过程见图 5-30。

（1）**要先考虑天气之后再决定嫁接时机**　自己缓苗，和拥有能够复合控制环境的缓苗装置的专业育苗者不同，要加大遮光，缓苗期也更长。

缓苗期间，愈合或发根等也要消耗同化养分。当然，缓苗期间也进行光合作用，但是没有使同化养分产生余力并达到输出程度的强光。为此，需要体内尽可能地贮藏同化养分后进行缓苗。总之，必须在考虑天气情况之后再决定嫁接的时间。

不在阴雨天后进行嫁接，而在晴天后嫁接是很重要的（图 5-31）。

（2）**若嫁接前一天和当天都是晴天，在当天下午嫁接最为合适**　在一天当中何时嫁

2 一个人把砧木斜切出 45 度的斜面，
另一个人按对应角度切好接穗

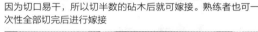

左边是育苗箱中的接穗，右边是穴盘中的砧木

因为切口易干，所以切半数的砧木后就可嫁接。熟练者也可一次性全部切完后进行嫁接

在切好的砧木上装上嫁接管

从旁边的育苗箱中取出切好的接穗并按对应的角度嫁接好。从远处向自己面前陆续地嫁接，若先从面前的嫁接，手容易碰到嫁接好的接穗而将它碰落（把图中右半部分嫁接完后再嫁接左半部分）

图 5-30　圈接

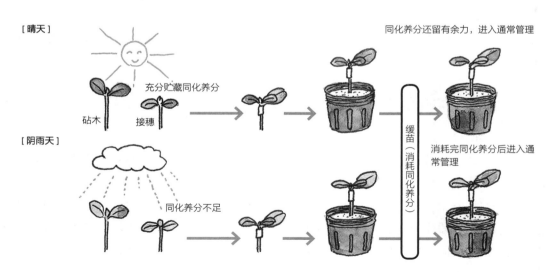

图 5-31　嫁接前的天气和缓苗结束时苗的状态

接最合适呢？早上嫁接不好，因为这在同化养分生产开始之前。中午也不是很好，此时同化养分产生不足。中午接收光照后在下午嫁接最好。

最理想的是嫁接前一天和当天都是晴天，在当天的下午嫁接，这是一般的做法。

如果这样的条件比预定嫁接的日期晚一天出现，虽然苗稍微大了一点儿，但是也最好是推迟预定的嫁接时间以满足条件。

同样，如果是希望比预定嫁接的日期早一天嫁接，虽然苗稍微小了一点儿，但是也需要做好嫁接的准备。

（3）怎么也不好调整的时候　有时候会出现因天气不好或苗的大小不合适而又必须进行嫁接的情况。这时，就要注意天气预报，哪怕是有 1~2 小时的光照也好，总之在接收这期间最长时间的光照后再进行嫁接是很重要的。和不考虑接收光照时间的情况相比，结果会截然不同。

另外，没有充分接收光照就进行嫁接的苗，缓苗中也有少量接收光照的办法，将在后面的"确保育苗不失败的技巧"部分进行介绍。

（4）临嫁接前的施肥要适度　在将要嫁接之前充分贮藏了同化养分的健康苗，肥料发挥的作用强，叶色也深。前面已讲过，为进一步增加肥效，在将要嫁接前施肥是不可取的。

嫁接时如果植株体内残存着大量硝态氮或铵态氮等无机态氮，为了同化这些氮素就必须消耗同化养分，所以比稍微节制施肥后进行嫁接的苗消耗的养分多。

应施用液肥，但是必须要在嫁接前 9 天施肥使之在嫁接前能吸收完。前面的图 5-22 介绍了育苗过程中液肥的施用时期，为了做到以发挥肥效的状态迎来嫁接日，播种时液肥的施用特别重要。

◎ 断根嫁接的时机和注意事项

断根嫁接（掘接）的操作过程见图 5-32。

（1）嫁接的苗放置 1 天后再进行插枝　断根嫁接的苗，在嫁接后没有必要立即进行插枝。放 1 天后进行插枝比立即插枝的效果更好（图 5-33）。这样做有如下的优点。

① 因为暂时不给伤口处供水，伤口能很快地封口。

② 在插枝时，因为切割部分的伤口已经封口，所以从开始就可大量浇叶水。

③ 插枝的准备工作在嫁接后进行就行。

为了放置 1 天，在嫁接时要准备篮子并在筐或篮中铺上聚乙烯塑料薄膜（有孔的薄膜也可以），把嫁接好的苗依次放入筐或篮中。放满后在苗上轻轻喷雾使之湿润（像下

番茄栽培管理手册

在嫁接人的左侧放砧木，右侧放接穗、塑料篮中放嫁接管　　切取砧木

把植株握在手中，从子叶上方切断　　切断的状态。因为切除的尖端易和接穗混淆，所以要扔到脚下　　套上嫁接管

放下套上嫁接管的砧木，再切取接穗　　将植株的头部放在手上，朝向自己，将子叶上部的茎切下，因为切除的部分易和砧木混淆，所以将其扔到脚下

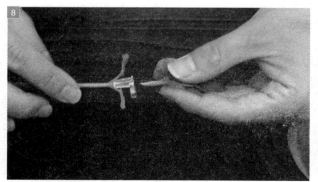

拿起放在下面的砧木，在嫁接管内对准切口嫁接　　嫁接完成

图 5-32　断根嫁接（掘接）

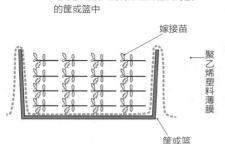

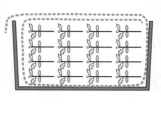

边嫁接边放入铺有聚乙烯塑料薄膜
的筐或篮中

放满后将聚乙烯塑料薄膜盖上

嫁接苗

聚乙烯塑料薄膜

筐或篮

放了 1 天的番茄苗

图 5-33　断根嫁接时，边嫁接边放入筐或篮中，1 天后进行插枝

霜那样的感觉），然后用聚乙烯塑料薄膜盖起来，防止干了，放在屋内防止温度过高或过低。第 2 天，将篮子夹在腋下进行插枝。

也可以将苗贮藏在大的容器中，插枝时再分放到小的容器中操作，但是，这种方法因为增加了 1 次挪动，就增加了砧木和接穗错位分开的机会。用筐或篮插枝方便，建议开始时就直接放入这样的容器。

（2）操作尽量在阴雨天进行　采用这种嫁接方法时，插枝时的天气或时间与传统的育苗操作不太一样。

大多数的育苗操作被认为在晴天的上午进行为好。但是，断根嫁接苗的插枝最好在阴雨天进行。如果是晴天，要在傍晚光照变弱后再进行。

断根嫁接的苗到发根前 4~5 天容易萎蔫。萎蔫是嫁接后常见的状态。

嫁接后的萎蔫，在插枝的当天最容易出现。对策就是插枝结束后浇叶水（向叶面上喷一点儿水），但是光照不能太强，如果光照强，在插枝过程中就会萎蔫且不能恢复了。

（3）插枝的顺序（图 5-34）

①向装满用土的穴盘中洒水。

②用筷子一样的细长棒戳一下用土，戳上能将苗插进去的坑。因为苗是斜着插入，所以坑也要斜着。

③插苗。苗要从穴盘的一端开始向同一个方向插，后边的苗有点儿稍微压着前排的苗。这样插，待缓苗后直起来时，苗就不会发生纠缠相撞，能整齐地直立起来。

④摆在小拱棚内，用洒水壶或喷壶等向叶上洒水（浇叶水）。没有穴盘的场所也要洒湿，有助于小拱棚内呈现高湿度。

将喷壶（洒水壶）的口向上，给装满用土的穴盘洒水

用易插入的细长棒戳上深 2~3 厘米的穴。因为苗要斜着插，所以细棒也要斜着向下插

由于有体内水分不足、立不住的苗，干脆都斜着插入

插枝结束的状态。向同一方向斜着插下去，缓苗直起来时苗之间不会相互影响而是整齐地直立起来

这附近也要浇湿

用喷壶（洒水壶）向叶上洒水

图 5-34　断根嫁接的苗进行插枝的顺序

⑤在小拱棚上盖上聚乙烯塑料薄膜，并在聚乙烯塑料薄膜的边角处洒上水，以保持气密性。

⑥在聚乙烯塑料薄膜的上面再盖上遮光网。

（4）购买插枝用的苗进行育苗　前面已经讲过了断根嫁接的苗在嫁接后放 1 天后再进行插枝是最好的。但是，之后还有几天富余的时间。可利用这几天进行买卖流通。并且，如果是给予切口易愈合的环境，在流通中会愈合得更快。

著者在 1995 年开发出这种方式，至今日本各地还通过这种方式进行着苗的买卖流通。

对于买到的断根嫁接苗的处理及管理，可参照本书第 127 页。

4 缓苗

◎ 缓苗前的准备

（1）**准备 2 种遮光材料**　在缓苗的初期不仅要遮光，还必须使小拱棚内部处于多湿状态。用聚乙烯或乙烯塑料薄膜覆盖小拱棚，以提高小拱棚的气密性，并且白天、晚上都要连续覆盖。

将遮光材料（遮光网）盖在小拱棚的上方，因为需要逐渐地增强光照，所以，只用 1 种材料的效果不好（图 5-35、图 5-36）。

在本书中，假定从冬天到春天培育苗，使用遮光率为 45%、85% 的 2 种遮光网进行缓苗（图 5-37）。

（2）**嫁接前的天气决定缓苗的快慢**　番茄的缓苗天数在果菜类当中是比较长的。在缓苗期间，通过光合作用积累同化养分几乎指望不上。在这样的条件下，还有伤口愈合和断根嫁接后发根等要消耗同化养分。因此，必须使它拥有足够的同化养分而进入缓苗阶段。总之，必须要注意嫁接前的天气以积累同化养分。

插上小拱棚的拱条
因为床面带网眼，所以要铺上聚乙烯塑料薄膜。如果放在地面上就不需要铺膜

在小拱棚上盖上聚乙烯塑料薄膜

再在聚乙烯塑料薄膜上面盖上遮光网就完成了
在高温期，大棚上也要盖上遮光网

图 5-35　缓苗用的小拱棚

图 5-36　用聚乙烯塑料薄膜覆盖后在小拱棚周围浇上水，使聚乙烯塑料薄膜和下面铺的薄膜密切接触，以提高气密性

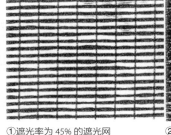

①遮光率为 45% 的遮光网

②遮光率为 85% 的遮光网

图 5-37　不同遮光率的遮光网

◎ 缓苗的方法

（1）小拱棚密闭时（缓苗的第 1 阶段）的遮光程度

1）遮光的程度为使温度不至于升得太高，苗也不怎么消耗养分。缓苗第 1 阶段的条件，是要维持较高的空气湿度和不给予强光照。

湿度的维持，用聚乙烯或乙烯塑料薄膜密闭即可。但如果这样，小拱棚内的温度会升得太高，所以还需要进行遮光。只是在黑暗条件下苗就会消耗养分，所以需要给予能稍微进行光合作用程度的弱光照。

小拱棚密闭时也需要给予一定的光照，光照的程度是不能使温度升得太高，而且还能进行光合作用。

2）遮光的目标是达到 2500~3000 勒克斯。与温度有关的光照和与光合作用有关的光照要求有质的不同，所以需要用不同的单位分别表示。但是，缓苗阶段的光照用人的眼睛感受的光照度作为标准是最为可行的。

遮光时把光照度 2500~3000 勒克斯作为目标即可。在这个明亮程度下，小拱棚即使密闭，温度也不会升得太高，苗的消耗也不怎么严重，就能过渡到以后的缓苗阶段。只是，要想培育好苗，如前所述，在嫁接前使苗体内贮存充足的同化养分是很重要的。

（2）缓苗过程（低温期） 低温期的缓苗过程见图 5-38、表 5-7。

[第 1 阶段] 小拱棚的气密性材料可使用乙烯或聚乙烯塑料薄膜，在其上面再盖上遮光率为 85% 的遮光网，再在其上面盖上遮光率为 45% 的遮光网。

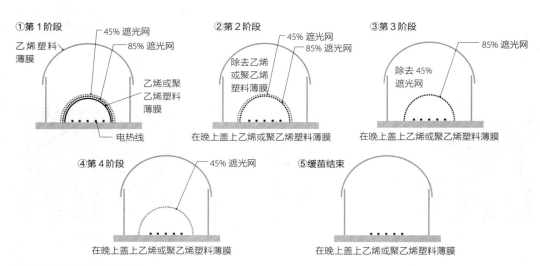

图 5-38　缓苗过程（低温期）

表 5-7　缓苗过程（圃接在嫁接后的天数，断根嫁接在插枝后的天数）

时期	嫁接方法	嫁接后的天数或者插枝后的天数					
		苗的保管	第 1 阶段	第 2 阶段	第 3 阶段	第 4 阶段	第 5 阶段
低温期	圃接	—	嫁接至第 4 天	第 5~6 天	第 7~8 天	第 9 天	—
	断根嫁接	嫁接至第 2 天	插枝至第 5 天	第 6~7 天	第 8~9 天	第 10 天	—
普通期至高温期	圃接	—	嫁接至第 4 天	第 5 天	第 6 天	第 7 天	第 8 天
	断根嫁接	嫁接至第 2 天	插枝至第 5 天	第 6 天	第 7 天	第 8 天	第 9 天

注：1. 把嫁接日或插枝日作为第 1 天计算。
　　2. 浇叶水，第 1 阶段在每天早上浇 1 次（圃接在早上、晚上共 2 次），用喷雾器喷雾，以后进入各阶段的那一天在早上浇 1 次。

　　［第 2 阶段］遮光网原样不动，把其下面的聚乙烯或乙烯塑料薄膜揭去。光照和第 1 阶段相比基本没有变化，但是因为接触干燥的空气，所以对苗来说就是很大的环境变化。

　　［第 3 阶段］把外面的 45% 遮光网除去。

　　［第 4 阶段］把 85% 遮光网除去，再把在第 3 阶段中除去的 45% 遮光网盖上。

　　（3）缓苗过程中遇到雨天的对策　下雨天，把盖在小拱棚上的遮光网除去，只盖着聚乙烯或乙烯塑料薄膜。确定缓苗的天数时，这一天也作为缓苗天数计算在内。

　　（4）普通期、高温期的缓苗　普通期、高温期的缓苗过程见图 5-39，还可参考表 5-7。

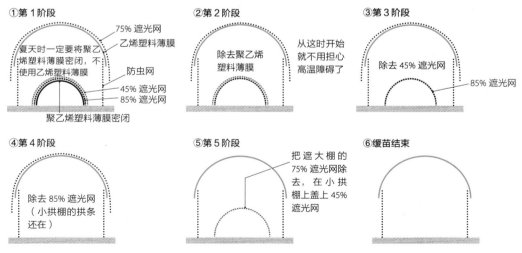

图 5-39　缓苗过程（普通期、高温期）

5 育苗的管理

◎ 浇水

（1）**所谓温和地浇水** 浇水的方式会影响到用土的物理性。例如，用塑料软管直接浇水，浇水的流速容易比水下渗的速度快得多，用土很快达到饱和状态，水从土面溢出，用土本来的构造被破坏。为此，浇水时一定要用喷壶或莲口壶，温和地浇水。

所谓温和地浇水，就是使往下渗的水量和浇水的水量平衡。为做到这一点，浇水时将喷壶或莲口壶的出水口向上，使浇的水呈抛物线状落下是基本的原则。只是，对育苗箱内进行压实根部的浇水时，出水口要向下。

（2）**播种时的浇水** 播种时的浇水，注意不要破坏了疏松覆土的状态。发芽后，为了压实根部要稍微猛烈些浇水，但在发芽前要重视土壤的通气性，所以必须温和地浇水。

（3）**发芽后的培土浇水** 这是以将因发芽而开裂隆起的用土弄平，使胚轴和用土密切接触为目的的浇水。另外，向育苗箱内和向穴盘内浇水的方法不同，所以要注意。

1）用育苗箱时的浇水方法。因为用的是颗粒状的土，用喷壶或莲口壶时使出水口向下，浇的水量比下渗的水量多，使水溢出土面而把土面弄平（图5-40）。

这种浇水方法虽然从用土物理性上看是不好的，但是不能让胚轴露着不管，而且需重视通气性的发芽阶段已经过去了，所以坚定地实行即可。

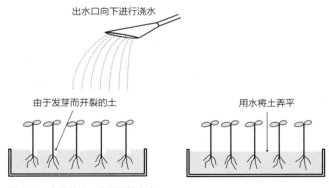

图 5-40　育苗箱内压实根部的浇水

2）用穴盘时的浇水方法。用穴盘时，因为用的是疏松、很细的土，发芽带起的土用少量的水就能弄平。另外，和育苗箱不同的是，苗在穴盘中待的时间长，所以尽量在开始时使根能顺利地伸展，暂时不让土被压实，浇水时出口向上，用温和地浇水来使土稍微压实。

（4）**移植到穴盘或钵之前的浇水**　　向装入土将要移植的穴盘或钵内浇水，但这种浇水需要考虑作业时期。因为在浇水后，有需要动土的作业和移动钵的作业。

在进行这些作业时，如果土中含有很多水，即使是局部，土也会被和成泥，苗会因为氧气不足而推迟发根。为了做到作业的当天土为适湿的状态，浇水需在作业前 2 天完成。

另外，这次浇水时钵的用土量是钵容量的 3~4 成。移植到穴盘时的用土量如图 5-18 所示的那样是装满的状态。

（5）**刚移植到穴盘内或钵内后的浇水**

1）移植到穴盘。在砧木苗刚移植到穴盘之后，因为土疏松不整齐，所以和在穴盘内播种并发芽的苗等待浇水培土时的状态相同。

虽然都是为培土封根而进行的浇水，但是和发芽之后的压实培土不同，只用把移植作业弄乱的表层土再摊平即可；此时苗也处于易倒伏的状态，比起压实培土时，温和地浇少量水即可。

2）移植到钵中（把穴盘苗移植过来）。钵内的土，由于 2 天前的浇水处于适湿的状态，而且因为穴盘苗自身带着作为根坨的土，钵内用土的追加量就很少。只需要把追加的土弄湿，温和地浇少量水即可。

（6）**断根嫁接苗在插枝前向穴盘内的浇水**　　穴盘用土中育苗用土是最疏松的，但如果浇水的速度比下渗的速度快，用土也会被压实。

为了保证砧木发根，使发根部附近的土壤含有一定量的空气是很重要的，要避免用土被压实，所以要温和地浇水。

（7）**穴盘苗生长发育过程中的浇水**

1）不能缺水是关键。因为每株穴盘苗的用土量较少，所以不能采取控水来提高苗充实度的管理方法。因此，用土粗孔隙的必要性很低。与其说是空间小，还不如说是用土的绝对量不足更令人担心，应稍微镇压一下，尽量多装一些。用土也是处于这种考量而配制的。

因此，对穴盘的浇水应像前面讲述的那样，在初期需要注意，等苗开始顺利地进行生长发育之后，再考虑土壤构造的问题进行浇水就没有必要了。

穴盘苗的浇水最需注意的是在苗的蒸腾量增加的育苗中期以后，浇水量不能不足。

到那时根也在伸长盘旋，水也难以浸入用土中，应使穴内上部贮水的空间暂时存有一定量的水。

2）在穴内盛水的空间进行第 2 次贮水是很有必要的。在这里必须要注意的是，在穴中盛水空间贮存的浇 1 次的水量，即使是水全部渗下去也只能湿透到 1/2 左右的深度。要想穴的底部湿透，需要在盛水的空间进行第 2 次贮水（图 5-41）。

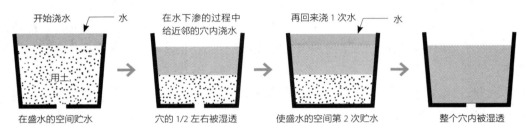

图 5-41　穴盘苗生长发育中的浇水

为此，盛水的空间积水时，向近邻的穴中浇水，待水渗下后，再一次回到原先的穴进行第 2 次浇水，使盛水空间贮满水。像这样给穴盘苗浇水，如果只从给用土供水的方面来考虑，没有必要使莲口壶或喷壶的出水口向上并调整浇水的速度。但是如果不这样做，苗就倒伏，所以最后还是要将出水口向上并温和地浇水。

（8）钵苗生长发育过程中的浇水　钵的用土由大小不同的土粒或有机物组成，因为其不均匀性形成的土中空隙决定了它的保水性很好，所以从土表面开始变白到实际需要浇水的时间长，这种情况下，不一定需要太多的水，只要土保持一定的湿度，过一段时间就可培育出健壮的苗。

如果浇水浇到土壤呈饱和状态，把土壤中好不容易形成的空隙填埋，反而培育不出健壮的苗。

另外，钵在育苗容器中是最深的，要使底部湿透就需要多浇水。为此，就需要费些时间温和地浇水。

（9）苗的位置和浇水方法　育苗的重要目标之一就是使苗的生长发育整齐一致。要想做到这一点，首先，就是使苗接收到的水是均匀的，但这很难。无论是穴盘苗还是钵苗，摆在中央的苗总是比周边的苗接收的水多。又加上中央的苗拥挤，所以比周边的苗伸展得更快。防止密集拥挤的对策是挪动苗，这将在后面讲述，但是前提就是浇水量要均匀。给所有的苗浇水后，还要把周边的苗浇一遍来补齐水量。

另外，因为给育苗箱浇水时也容易倾向中央，所以在给大量摆放着的育苗箱浇水时也需要注意。只是和钵或穴盘不同，育苗箱的底部连通，所以不会出现 1 箱内水不均匀现象。

（10）**特殊的浇水方式——浇叶水**　与从地下部供水使根吸收水分的浇水不同的另一种方法，就是用喷壶或莲口壶轻轻地给茎叶补水，叫"浇叶水"。这种方式在番茄育苗中用得很多，以下场合可采用。

①在断根嫁接苗的缓苗阶段用于防止萎蔫。

②用钵育苗的后半阶段，需要控制用土的水分管理时用于防止萎蔫。

③在阴雨天后由于强光照引起暂时萎蔫时用于恢复。

④用于使用液肥后将附在茎叶上的液肥稀释。

浇叶水时不能浇到土壤湿透，用快步走的方式浇一下即可。

（11）**嫁接和缓苗过程中浇叶水的方法**　在嫁接和缓苗过程中，按表 5-8 中的方法浇叶水。

表 5-8　圃接和断根嫁接缓苗过程中浇叶水的方法

嫁接方法	状态	圃接的当天 （断根嫁接是在插枝当天）	第 2 天	第 3 天及以后
圃接	**嫁接时的状态**：因为是在伤口处水分较多的状态进行嫁接，伤口还没有封住（因为水分还较多，封住伤口需 2 天）	用小的缓冲、小的水滴（很快就干了）的方式湿润叶。用喷雾器喷 2~3 次	和第 1 天一样	用喷壶或莲口壶，用大粒的水滴（1 天干不了）来给叶补水（浇叶水）
断根嫁接	**插枝时的状态**：在伤口处水分少的状态进行嫁接，更是因为再存放 1 天，伤口就封住了	用喷壶或莲口壶，以大粒的水滴（1 天干不了）来湿润叶（浇叶水），早上浇 1 次		

注：用喷壶或莲口壶湿润叶，即浇叶水，浇一下即可。

1）断根嫁接的用喷壶或莲口壶浇水。缓苗中，为了防止萎蔫可向叶上喷水将叶弄湿润。用的器具有喷雾器、喷壶、莲口壶，如果可能就尽量地使用喷壶或莲口壶。因为用它们比用喷雾器的水滴大，所以早上浇 1 次到中午光照强时叶上还有水。并且傍晚时叶上的水滴就干了，不用一直以这种湿漉漉的状态缓苗。

断根嫁接时，从插枝的当天就可用喷壶或莲口壶浇水。因为插枝时已放了 1 天，伤口已经封住了。

2）圃接后 2 天内要使用喷雾器。与断根嫁接相反，圃接时，嫁接后 2 天内不得不用喷雾器。因为圃接给伤口处的供水多，要封住伤口需 2 天左右。这期间，更需要防止伤口受到大粒水滴的冲击而被弄湿。另外，如果使用喷雾器，应如图 5-42 那样从苗的上方 70~80 厘米处喷雾。

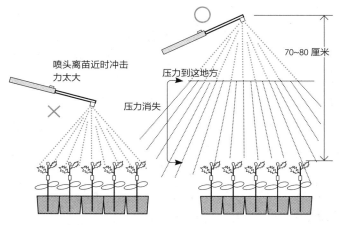

喷头离苗近时冲击
力太大

70~80 厘米

压力到这地方

压力消失

图 5-42　在苗的上方 70~80 厘米处喷雾

◎ **育苗过程中的施肥**

（1）**施用稀释 400~500 倍的液肥**　要培育好苗，就必须正确地选用液肥。

施用液肥时，比起频繁地喷施低浓度的液肥，还是喷施浓度高一些（实际是适宜浓度）更易看到肥效，苗也长得好。

说到液肥，用稀释 1000 倍液肥的人较多。但是，稀释 1000 倍是适合每次浇水时施用的浓度，如果时常喷施则浓度有点儿稀。

建议稀释 400~500 倍，无论现在销售的是哪个品牌的液肥，使用这个浓度都可以，没有必要随生长发育而改变，在整个育苗期间可以保持不变。

（2）**施用液肥后浇叶水**　施液肥的同时也补了水，但液肥附着在茎叶上，由于水的蒸发会使肥料浓度变高，叶便被灼伤。这个现象即使是用稀释 1000 倍左右的液肥时也会发生。

为防止这种情况发生，在喷施液肥后浇叶水冲一下即可。冲的程度就是把液肥稀释一下，不要太多水。如果是用流水，土壤中的液肥也会被稀释了。

（3）**何时施用液肥好**　液肥的施用时期在图 5-22 中已经展示了。首先播种时施 1 次，第 2 次是在发齐芽后第 5 天左右（嫁接前 9 天）。在嫁接前就施这 2 次液肥。第 3 次施液肥是从穴盘中取出适期前 9 天。穴盘苗的施肥机会有这 3 次。

移植到钵后也是间隔 10 天再施液肥。这样 9 厘米钵苗后面需施 1 次，12 厘米钵苗后面需施 2 次。

（4）**播种时的液肥施用** 在液肥的施用方面尤其希望采用的是，在播种时施用液肥代替浇水。

发芽所需的条件是温度、水分和空气，不需要肥料。但是，芽在冒出地面之前发芽已经结束。总之，在我们看到地上部的芽之前它就已经开始利用肥料了。

实际上，在播种时施用液肥和只浇水相比，施液肥的子叶大，绿色也深。播种时施用液肥，苗的质量能提高一个档次，使番茄栽培有一个好的开端。

◎ 苗的生长发育调节

（1）**定植后的生长发育调节从苗期开始** 为了能收获到品质好、产量高的番茄，植株必须不能太大也不能太小。培养出大小合适的植株的过渡期管理方法，是番茄栽培中极端重要的技术，定植后不久，栽培者都要涉及这个技术。

这个技术，在育苗的时候已经开始使用了。在定植后为了更容易管理，要注意苗的过度浇水问题，为以后培育健壮的茎叶打下基础。

（2）**穴盘苗不能在苗床上进行生长发育调节** 但是，这种生长发育调节的管理对穴盘苗来说是不可行的。穴盘苗的根坨不仅小，用土的物理性也均匀，一旦缺水就干得很快，而且整个根坨都变干。总之，维持适宜湿度的时间很短，很快就进入易受干旱危害的时期。

所以，所谓的好苗是一次也没有受过干旱危害的苗，穴盘苗应以这种水灵饱满的状态定植。或者移植到钵中，控水管理在苗从穴盘中取出以后进行。

（3）**钵苗的生长发育调节** 如果定时给钵苗浇水，好不容易在钵中培育的价值就减半了。用土量多的钵，从土开始干到必须浇水的间隔时间就长。这段时间正处于适宜的干湿状态，其间的积累使苗充实健壮，便于定植后的植株培育。所以，对于钵苗，土表面开始变白时再浇水是很重要的。

1 次浇水的量不能太少了，要浇足，而且不用急着浇下一次，这样就能培育出充实健壮的苗。

（4）**使钵苗大小整齐一致的做法** 为了避免钵苗由于拥挤而造成的徒长，要随着苗长大扩大放置的间隔。但是，挪动苗的作业不仅如此。使株高整齐一致也需要挪动苗，即把排在内侧的苗和外侧的苗互换一下位置（图 5-43）。

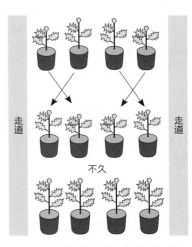

图 5-43 把苗调换位置使株高整齐一致

出现这种情况是因为内侧光照差，还因为浇水时容易浇得多，不管怎样内侧的苗都会比外侧的苗长得高。如果定植时株高参差不齐，在地块内就无法进行统一管理。因为这个原因，这种作业和扩大间隔的作业同样重要。移植到钵中以后以 10 天的间隔调换钵的位置。

◎ 其他管理

（1）穴盘苗的移植方法　把穴盘苗移植到钵中（移植钵）时，最初就把钵内装满土就不好栽了。先在钵中放上一大把土并留出空间，在留出的空间内放上苗再栽好是移植作业的一般做法。但是，72 穴穴盘苗的根坨比这个留出的空间还大，也就只能埋到根坨的一半，还会露着一部分。

像下面这样做就可顺利进行移植。

先在钵内装土，装到放上根坨后的高度与钵高相同的位置，如 12 厘米钵可装入整钵 4 成的土，9 厘米钵可装入整钵 3 成的土。然后在钵内放上穴盘苗，再在根坨周围填上用土。另外，如果需要立支柱可以在这时立上（图 5-44）。

（2）钵苗内立支柱　为了防止钵苗倒伏要立上支柱。可以购买专用的木棒作为支柱，也可以购买烧烤用的竹签。把茎捆在支柱上，为套住茎可以使用手工制作的环。可用很细的铁丝按图 5-45 所示的方法制作。

套住的支撑部分，苗长大后就取下来再向上部移动 1 次。从容易取下的角度考虑可使用很细的铁丝（在图 5-45 中，为更容易看清楚使用了粗铁丝）。

（3）育苗期病虫害防治　正确使用农药，是在整个栽培期间减少农药使用量的基本条件（图 5-46）。可将悬浮剂或乳剂的喷洒和颗粒剂组合起来使用。

1）用悬浮剂或乳剂进行防治。喷洒悬浮剂或乳剂时，防治对象不要只局限于病害或虫害，最好是混合使用。

进入嫁接后的缓苗期时，即使发生病害虫也不能喷洒农药，所以第 1 次喷洒必须在砧木和接穗嫁接之前。在嫁接之前喷洒时，在发芽后没有着药的天数为 12~13 天。所以以发齐芽时喷洒 1 次为好，这次喷洒的药效在缓苗期间也持续发挥。

在发齐芽时喷洒，到定植之前没有着药的叶多数已展开，若不喷药就拿出去直接栽到土里是不放心的，所以必须在防治之后再定植。在刚定植之后再喷洒药剂虽然效果相同，但是植株集中在苗床上时所占的面积小，所以在苗床上喷洒，不论从作业效率方面还是从药剂的用量方面考虑都是有益的。

注意：对苗喷洒药剂时，药液浓度是不能降低的。农药若达不到所指定的浓度就达不到好的防治效果，不要因为植株小就过度地降低药液浓度。

在钵内装入土
12 厘米钵：装入 4 成；9 厘米钵：装入 3 成

把取出的穴盘苗放入钵中

在根坨的周围填上土。这时用手扶着使植株不要移动

插上支柱

把苗捆在支柱上，用手工制作的环套在张开的地方

将环固定在支柱上，移植到钵内的作业便结束了

图 5-44　穴盘苗的移植（移植钵）方法

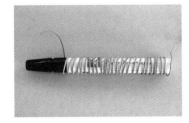
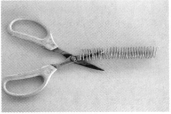

图 5-45　防止苗倒伏的环的制作方法
在左起的 2 幅图中使用的是粗铁丝，以便读者看清楚。实际生产中使用右图中这样很细的铁丝就行

125

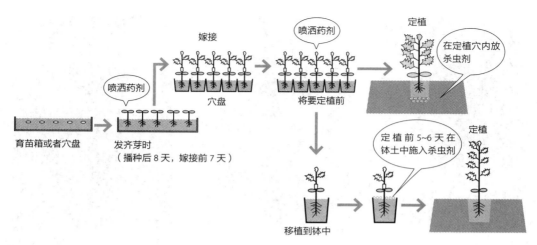

图 5-46　育苗期的农药使用

2）用颗粒剂进行防治。颗粒剂主要是用于杀虫。定植钵苗时，应在定植前 5~6 天向钵内施药。虽然在定植时也可向定植穴内施药，但是向钵内施药可使根整体浸入药液，所以农药可高效地被吸收，防治效果也好。

定植穴盘苗时，因为苗和根坨都很小，施药的量达不到药效持续至定植后的长效效果，所以定植时在定植穴内施药。

当然，对于钵苗，在不方便向钵内施药时，也可于定植时在定植穴内施药。

◎ 苗的查看和诊断

在表 5-9 中列出了理想的好苗的标准。叶片数和最大叶长以表中的数值为宜，比表中的数值小的苗就太小了，比表中的数值大的苗就太大了。

节间长表示植株长势的健壮情况。几乎没有比表 5-9 中的数值再小的情况，但是有比其大的苗。节间长的苗就是细弱的苗，是在密集状态下培育的，或者没有挪动过的长势差的苗。

表 5-9　好苗的标准

苗的种类	叶片数	最大叶长	最大节间长
穴盘苗	3~5 片	10~12 厘米	—
9 厘米钵苗	10~12 片	25 厘米	5 厘米
12 厘米钵苗	12~13 片	30 厘米	6 厘米

6 购买苗的利用

◎ 如果购买的是穴盘苗或 9 厘米钵苗

（1）**喷施液肥**　在收到苗后，最重要的是首先进行喷水。但这种情况下，也不要只喷水，建议最好喷施液肥。

供给方对苗的肥料供给方法是利用育苗土中的肥料，很少在配送途中追肥。为此，订购的苗在到客户手中时，会发现苗多是处于即将缺肥的状态。

如果不对这种状态的苗施肥而是放任不管，苗就会很快地老化，不能轻视这 1~2 天的流转配送时间。

液肥主要使用含硝态氮的肥料，以 500 倍左右的浓度足量施用。即使是由于疏忽喷洒成了水，再在上面喷液肥也很有效，用土中的水分会被挤出并被置换成液肥。

（2）**何时定植**　定植时间由嫁接后的天数来决定。这个天数最能体现根坨的状况。为此，就要向育苗单位提前确认好嫁接日。

穴盘苗在嫁接后 20 天（播种后 39 天左右）、9 厘米钵苗在嫁接后 30 天（播种后 49 天左右）是定植适期。

◎ 如果购买的是插枝用的苗

（1）**何时进行插枝**　断根、单叶切断嫁接的苗，在嫁接后 1 天插枝是最好的，但放置时间还能再长一点儿，可利用这一点选择方便的插枝时间。所谓放置时间，是指将苗放在黑暗或与其相近环境的箱中的天数。

大体的目标，如果在低温期为嫁接后 4 天以内，普通期至高温期时可在嫁接后 3 天以内插枝。只是这个放置时间是苗在充分接受光照后嫁接才能达到的天数，如果不是这样，从嫁接后 1 天就必须进行插枝。

为此，不但必须要确认得到的是何时嫁接的苗，还必须确认嫁接前的天气。

（2）**对放置插枝用的苗的箱子的保管**　插枝用的苗是装在箱子里配送的。由于看不见苗，所以必须注意在收到苗后不能疏忽苗的管理，不能将其长时间地放在不适宜的场所。尤其要注意的是箱内的温度。

1）低温期的保管。低温期时，必须要注意箱内温度不能降得太低，夜间要注意绝对不能将其放在室外。即使是放在室内也并不是完全没有问题，毕竟凌晨时室内也是很冷的，对温度的管理方法是，不能低于番茄管理温度。因此，可将箱子放入插枝的棚内，且棚内带有加温装置是最理想的。白天时在箱上盖上草苫等避免阳光直射。

只是，也不要使用较厚的草苫等，防止箱内太暗。使用较多的是泡沫塑料箱，因为即使是密封也能多少地通过光线，即使是微光也对减轻苗的消耗起作用。

2）从普通期到高温期的保管。从普通期到高温期，要注意高温下苗的消耗。放在有直射光的场所保管是绝对不行的，但这个季节也要避免放在大棚内保管。可放在储藏室等直射光照不到的凉爽场所进行保管。也不能一点儿光线也没有。

7 确保育苗不失败的技巧

（1）**在播种后的苗床上盖报纸有时也是不利的**　据说很多人会在播种后的苗床上盖报纸。这是为了防止苗床的温度升高和防止干旱，所以在高温期播种后是必须要实施的作业。

而在低温期播种时，温度不升高，发芽就会推迟，所以应该避免在苗床上盖报纸。在普通期也不建议使用。盖报纸只是在夏天播种时才需要进行的作业。

（2）**由于疏忽引起严重萎蔫时的对策**　由于疏忽而导致育苗中的用土干了，引起了严重的萎蔫时怎么办呢？如果再像平时那样从边上依次浇水，到浇完全部的苗需要一定的时间，这期间叶组织进一步脱水，有的就会坏死。

在这时，首先尽快地给苗浇叶水，之后再像平时那样进行浇水，就能够减轻损伤。

（3）**因拒水性不向用土内渗水的对策**　根据使用的材料的性质，一旦育苗用土干了拒水性就增强，即使是浇水，水也会滑过土层表面而渗不进去。以前经常看到用稻壳灰作为穴盘用土的，最近也看到大量使用泥炭的。它们在刚从袋子中取出时不会发生这种情况，但是，如果装到穴盘中太早，到使用时干了就会发生上述情况。

如果早早装好了用土，可以在临使用前浇水试一下。一旦播种，或者移植上苗后，即使是发现了这种情况也没有什么好的办法了。

如果发现用土表现出拒水性，就把装上的土从穴盘中取出，掺入占用土体积20%

左右的水混合后再一次装入穴盘中就会恢复原来的亲水性。虽然这是很费劲的作业，但是也不得不这样做。

要想避免这种情况的出现，把用土提前装入穴盘中后，在使用前需经常浇水使之保持一定湿度。

（4）钵苗的挪动方法　挪动钵苗时，若能用单手则效率会高很多。但是，若用单手拿钵上部的边缘把钵提起来，钵内的土就会偏向一边形成间隙。一旦形成间隙，浇水时就会造成水分不均匀等。

应该用双手谨慎地拿钵。特别是刚浇完水后用单手提着钵，土更容易变形，会极端地偏向一边。

（5）培育时应水平放置　无论是穴盘苗还是钵苗，都必须水平放置进行培育。如果倾斜容器内就会形成积水的空间，苗的生长发育就不整齐。钵本身也吸水，和可自行解消积水的素烧钵等用同样的感觉摆放是不行的。

（6）不是支柱配合苗，而是使苗沿着支柱生长　支柱必须要直立。这样做不仅防止苗的倒伏，而且还会使苗的状态变好。

即使苗稍微有点儿弯曲，这时也不要使支柱去配合苗的姿势，而是要笔直地立上支柱，使苗沿着支柱生长。因为此时组织还很嫩，所以及时校正还是有效的。

（7）移植到钵内或移栽、插枝时不要用力按压用土　移植到钵内或移栽、插枝时，担心用土和根茎的接触程度，有的人就会按压用土。但是这样做只有害处，没有任何好处。

按压会减少土壤的间隙，通气性变差。通气性不好，新根就发不出来。创造疏松的用土环境是很重要的。

（8）在钵底的孔上垫上铁丝网　要在钵底的孔上垫上铁丝网，但是，如果使用网眼小的铁丝网，就会堵眼，必须要用网眼直径大于 2 毫米的铁丝网。另外，如果使用太柔软的材质，由于土的重量会将网压挤到孔处从而堵塞网孔，导致不能排水，所以必须使用材质较硬的铁丝网。

另外，底孔处垫的网不用太大。如果过大，定植时从根坨剥离垫网时，就会弄断很多盘绕的根。用边长为底孔直径的 2 倍左右的正方形铁丝网就行。

（9）使用大棚的一部分育苗时　育苗量少，只使用部分苗床时，为了方便，大家一般易选用出入口等靠边的地方。在这些地方育苗，若是高温时还可以，若是低温期时一定要选择在中央部育苗，因为还是大棚中央部最暖和。

（10）冬天要养成一到 10:00~11:00 就想起育苗作业的习惯　冬天在小拱棚内可发生苗的高温障碍。夏天反而不会因遭受高温障碍而失败，因为夏天不会在小拱棚内保温，大棚侧边的通风口也是打开的。高温障碍一般发生在冬天的大棚内。

在大棚内的温度接近苗的适温是在上午 10:00~11:00，此时要揭开小拱棚。如果这个时刻忘记了揭开小拱棚，就会遭受高温障碍。因此，在冬天育苗，不管有多忙也要养成在 10:00~11:00 时就想起育苗作业的习惯。

（11）对没有接收到充足光照的嫁接苗的对策

1）缓苗中给予光照。在嫁接前天气不好，苗在同化养分稍有点儿不足而进入缓苗阶段时，如果和平常那样管理就培育不出好苗。

在早晨和傍晚时用柔和的光照射苗，尽量防止苗的消耗。把小拱棚的遮光材料揭开透光，但是在缓苗的第 1 阶段时，因为不能降低空气湿度，所以还要覆盖着聚乙烯塑料薄膜。

2）给予光照的时间。给予光照的时间，早上为 30~60 分钟。若是周围没有建筑物很早就能见到阳光的苗床，给予光照 1 小时，如果是由于建筑物或地形的关系太阳不到很高时就见不到阳光的育苗棚，因为照到的光照强，照射 30 分钟左右即可。

傍晚时也同样，周围没有建筑物、太阳落山晚的育苗棚，在太阳落下前 1 小时揭开薄膜。对于由于建筑物或地形关系，太阳在很高的状态时就见不到阳光的育苗棚，在见不到阳光前 30 分钟就揭开薄膜。虽然给予光照的时间不用严格按照上述说明的时间进行操作，但也不能使苗出现萎蔫的状态。

另外，傍晚揭开的遮光材料没有必要再盖上。继续敞着即可，待第 2 天早上接收过光照后再盖上。

（12）用喷雾器给嫁接苗喷水时的注意事项　圃接后，在缓苗初期，用喷雾器给苗喷水。使用喷雾器的理由是因为喷壶或莲口壶的水滴太大，落下时有冲击力，也容易把伤口弄湿。

但是，如果喷口离苗太近，喷雾器的风压比喷壶或莲口壶的冲击力还大，会使开始愈合的伤口又裂开。用喷雾器给叶喷水时，从苗的上方 70~80 厘米处喷雾，使落下的雾失去压力（图 5-42）。

（13）缓苗过程中的管理要按健壮苗的生长进程进行　缓苗中的苗里有因为接口还没有愈合好而不太健壮的苗，缓苗的阶段性作业或浇叶水的时机等不能随着这样的苗的生长进程实施。

如果按着这样的苗的生长进程作业，大多数健壮的苗也会长成脚高摇晃的苗了。而且，这些不健壮的苗能否恢复还不能确定。缓苗期的管理，建议要按健壮苗的生长进程作业。

（14）**在台架上缓苗时的注意事项**　有的育苗户不把苗放在地面上，而是放在台架上培育。台架的床面为考虑排水而多使用网状的材料。在这种条件下缓苗，如果只是在上面搭上小拱棚，因为底下空着，空气中的湿度就得不到保证。

因此，在台架上进行缓苗时要在床面上铺上聚乙烯或乙烯塑料薄膜。小拱棚的拱条要穿过薄膜插牢固。